冲压工
培训教程

郝建广　全洪杰　李国臣　李忠文　编著

CHONGYAGONG
PEIXUN
JIAOCHENG

化学工业出版社
·北京·

内容简介

本书按照《国家职业技能标准　冲压工》的要求编写，内容包括冲压加工的设备、模具、材料介绍；冲压设备的操作方法和安全规程；冲压设备操作工、冲压模架工、冲压模具调整工和安装工、剪切工的操作技能、事故预防和安全技术；冲压加工的冲裁技术、弯曲技术和拉伸技术；冲压工需要掌握的识图和钳工操作知识。

本书将专业技术与职业技能鉴定要求紧密结合，强调技术的实用性，重视操作技能的培养，突出职业技术特色，可作为冲压工国家职业技能鉴定考证培训教材、企业冲压工的入职岗位培训教材以及中、高等职业技术教育机械制造类专业的实训教学指导书。

图书在版编目（CIP）数据

冲压工培训教程 / 郝建广等编著. —北京：化学工业出版社，2022.1（2023.9 重印）

ISBN 978-7-122-40255-4

Ⅰ. ①冲… Ⅱ. ①郝… Ⅲ. ①冲压-生产工艺-技术培训-教材 Ⅳ. ①TG38

中国版本图书馆 CIP 数据核字（2021）第 231821 号

责任编辑：李玉晖　　装帧设计：张　辉
责任校对：刘曦阳

出版发行：化学工业出版社（北京市东城区青年湖南街 13 号　邮政编码 100011）
印　　装：北京建宏印刷有限公司
710mm×1000mm　1/16　印张 11¾　字数 195 千字　　2023 年 9 月北京第 1 版第 2 次印刷

购书咨询：010-64518888　　售后服务：010-64518899
网　　址：http：//www.cip.com.cn
凡购买本书，如有缺损质量问题，本社销售中心负责调换。

定　　价：39.80 元

前言

随着工业自动化、智能化水平的不断提高，现代工业发展正由“大而全”向“专业化、集约化”转变。冲压技术的应用范围大到汽车、轨道交通车辆的冲压件，小到医疗器具、电子仪器仪表零件等。其中，精密冲压的应用领域不断拓展，市场发展迅速。这就要求精密冲压件制造企业在产品设计、专有技术、工艺研发、设备改进、关键材料研究、自动化智能化生产线的设计开发等方面具备极强的专业性。本书以国家职业技能标准为依据，以培养冲压专业技能人才为目标，理论联系实际，将冲压专业技术与实训相结合，与冲压工职业技能鉴定考核挂钩，旨在提高冲压加工生产人员的职业技能水平，培养紧贴区域经济、适应社会发展和就业岗位需求、企业急需的高技能人才。

本书由东莞市豪顺精密科技有限公司郝建广、全洪杰和东莞职业技术学院李国臣、李忠文编著。本书的编写得到了东莞市豪顺精密科技有限公司余海波、刘博、贺松炎，东莞市职业技能鉴定指导中心陈巨、李庆华，东莞市理工学校李新亮，东莞市技师学院石威权，希克斯电子（东莞）有限公司严锦葵，东莞祥鑫科技股份有限公司刘再华、陆石平和富强鑫塑胶机械有限公司黄泽南、郑建林等的大力支持和帮助，在此表示感谢。

由于编写时间紧迫以及编著者水平有限，本书内容难免存在不足之处，恳请广大读者批评指正。

编著者

2021 年 10 月

目录

第1章 冲压加工概述

1.1 冲压加工的特点和应用

冲压加工广泛用于航天、航空、军工、机械、农机、电子、信息、铁道、邮电、交通、汽车、化工、医疗器具、电子仪器仪表、家电等领域。全世界的钢材中，有60%～70%是板材，其中大部分经过冲压制成成品，如汽车的车身、底盘、油箱、散热器片，锅炉的汽包，容器的壳体，电机、电器的铁芯硅钢片等。仪器仪表、家用电器、办公设备、生活器皿等产品中，也有大量冲压加工件。据统计，冲压制品在日用品中占95%以上，汽车工业中占50%～75%，在电机制造中占60%～80%，在电子工业中占70%～80%，在航空航天设备制造中也占相当大的比例。

随着全球工业自动化、智能化水平及人们生活水平的不断提高，精密冲压加工在航空航天、汽车、信息处理设备、家用电器、电子音像、工业自动化、金融终端和医疗器械等领域的应用越来越普遍，大到汽车冲压件、智能制造和机械制造产业，小到医疗器具、电子仪器仪表零件。现代工业发展正由“大而全”向“专业化、集约化”转变，要求核心精密冲压件企业在产品设计、专有技术工艺的研发和改进，关键材料的研究及自动化智能化生产线的设计开发等方面具备极强的专业性。精密冲压应用领域将不断拓展，市场发展空间巨大，全球精密冲压件市场需求空间将进一步扩大。

冲压加工属塑性加工（或称压力加工），冲压的坯料主要是热轧和冷轧的钢板和钢带，它是金属加工的主要方法之一。冲压加工是借助于常规或专用冲压设备的动力，使板料在模具里直接受到变形力进行变形，从而获得一定形状、尺寸和性能的产品零件的生产技术。按冲压加工温度分为热冲压和冷冲压。热冲压适合变形抗力高，塑性较差的板料加工；冷冲压则在室温下进行，是薄板常用的冲压方法。

冷冲压是对各种规格的金属板料或坯料，在室温下施加压力（如通过压力机及模具），使之变形或分离以获得所需零件的一种加工方法。冲压加工靠压力机和模具对板材、带材、管材和型材等施加外力，从而获得所需形状和尺寸的工件（冲压件）。

排样是所冲压的工件在条料、卷料或板料上的布置方法。在生产中根据材料的利用情况，排样方式主要有无废料排样、少废料排样和有废料排样三种。

冲压所使用的模具称为冲压模具，简称冲模。冲压模具是将材料（金属或非金属）批量加工成所需冲件的专用工具。冲模在冲压中至关重要，没有符合要求的冲模，批量冲压生产就难以进行；没有先进的冲模，先进的冲压工艺就无法实现。板料、模具和设备是构成冲压加工的三要素，它们相互结合才能制出冲压件。

冲压生产的优点：①节省原材料，材料的利用率高，一般可达 70%～85%。②操作方便。③冲压件的尺寸精度主要靠模具保证，质量稳定，互换性好。④制件的强度高、刚性好、重量轻，能生产形状复杂的制件。⑤生产效率高，容易自动化生产。

冲压加工的特点是：

1）冲压加工的生产效率高，且操作方便，易于实现机械化与自动化。冲压是依靠冲模和冲压设备来完成加工，普通压力机的行程次数为每分钟几十次，高速压力机可达每分钟数百次甚至千次以上，每次冲压行程就可得到一个冲件。

2）冲压时由于模具保证了冲压件的尺寸与形状精度，一般不破坏冲压件的表面，模具的寿命较长，所以冲压的质量稳定，互换性好，具有“一模一样”的特征。

3）冲压可加工出尺寸范围较大、形状较复杂的零件，如小到钟表的秒针，大到汽车纵梁、覆盖件等，加上冲压时材料的冷变形硬化效应，冲压的强度和刚度均较高。

4）冲压一般没有切屑碎料生成，材料的消耗较少，且不需其他加热设备，因而是一种省料、节能的加工方法，冲压件的成本较低。

5）冲压能生产形状复杂的制件，可以获得其他方法难以加工或无法加工的复杂制件，在大批量生产中便于实现自动化。冲压制件的强度高、刚性好、重量轻，冲压件与铸件、锻件相比，具有薄、匀、轻、强的特点。冲压可制出其他方法难于制造的带有加强筋、肋、起伏或翻边的工件，以提高其刚性。

6）采用精密模具，工件精度可达微米级，且重复精度高、规格一致，可以冲压出孔窝、凸台等。冷冲压件一般不再经切削加工，或仅需要少量的切削加工。热冲压件精度和表面状态低于冷冲压件，但仍优于铸件、锻件，切削加工量少。

7）采用复合模，尤其是多工位级进模，可在一台压力机（单工位或多工位的）上完成多道冲压工序，实现由带料开卷、矫平、冲裁到成形、精整的全自动生产，生产效率高，劳动条件好，生产成本低，一般每分钟可生产数百件。

8）冲压加工的冲模制造周期长，制模技术要求高，费用高，在小批量试产中受到一定的限制。

9）冲压材料性能是影响冲压产品质量和模具寿命的重要因素。

冲压产品如图 1-1～图 1-3 所示。

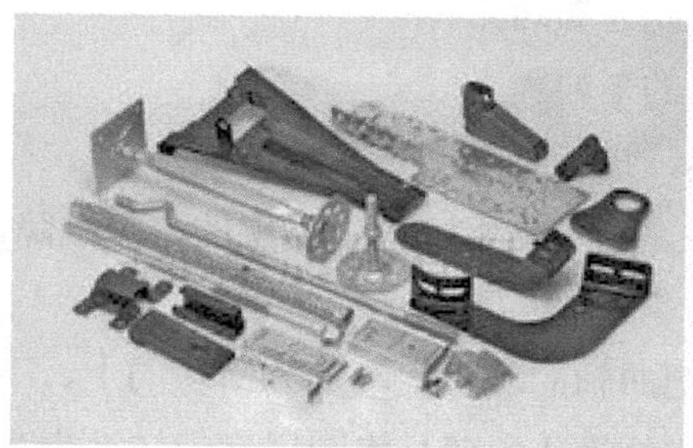
冲压件

冲压三通

图 1-1　冲压产品

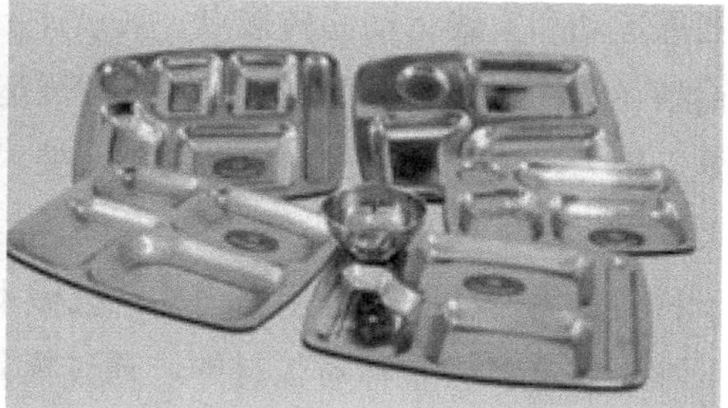

图 1-2　日用品冲压件

图 1-3　汽车用冲压件

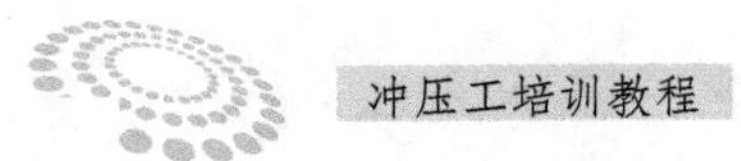

1.2 冲压设备及其参数

冲压工是操作冲压设备，进行工件变形及分离加工与处理的人员，从事的工作主要包括：

1）操作冲床、压力机、折边机、校直机等机械设备，配合模具，进行金属板料型材等的冲孔、弯曲、拉伸、校直等加工与处理；

2）安装夹具、模具，调整机床，搬运工件；

3）使用冲床，进行金属型材的下料；

4）使用冲压机床和工装模具，进行金属工件落料加工；

5）维护保养设备及工艺装备，排除使用过程中出现的一般故障。

（1）冲床的工作原理

冲床是利用曲柄滑块机构，把曲轴的旋转运动变为滑块的上、下（直线）往复运动，来对材料进行加工。冲床的设计原理是将圆周运动转换为直线运动，由主电动机带动飞轮，经离合器带动齿轮、曲轴（或偏心齿轮）、连杆等运转，来达成滑块的直线运动，从主电动机到连杆的运动为圆周运动。连杆和滑块之间需有圆周运动和直线运动的转接点，其设计上大致有两种机构，一种为球型，一种为销型（圆柱型），经由这个机构将圆周运动转换成滑块的直线运动。冲床对材料施以压力，使其塑性变形，而得到所要求的形状与精度，因此必须配合一组模具（分上模与下模），将材料置于其间，由机器施加压力，使其变形，加工时施加于材料的力造成的反作用力由冲床机械本体所吸收。

冲压生产主要是针对板材的，通过模具，能进行落料、冲孔、成形、拉深、修整、精冲、整形、铆接及挤压等，广泛应用于各个领域，如开关、插座、餐具、电脑机箱，甚至导弹、飞机的壳体，很多零件都可以用冲床通过模具生产出来。

（2）冲床部件的功能与参数

1）离合器和制动器的作用　离合器和制动器控制滑块的运动和停止，其工作原理是：在开动压力机时先脱开制动器后结合离合器，在停止压力机时先脱开离合器（电磁阀断电排气）后结合制动器（在弹簧的作用下）。

2）公称压力　曲柄压力机的公称压力是指滑块离下极点前某一特定距离或曲柄旋转到离下极点前某一特定的角度时，滑块上允许的最大作用力。

压力机公称压力的经验数据：普通压力机，用于零件的冲裁、成形、弯曲、浅拉伸及校正等，1～3mm 的钢板冲裁力不得大于公称压力的 70%；4～8mm 厚的钢板冲裁力不得大于公称压力的 50%。否则机床振动大，影响设备寿命。合理使用设备，可提高设备寿命，减少维修量。

3）平衡缸的作用　平衡块用于防止滑块向下运动时，受自身重力的作用迅速下降，使传动系统受到冲击而损坏，或者产生较大的噪声。合适的平衡作用可调整连杆和滑块的间隙，有利于连杆的润滑，减少传动部件的磨损，降低调模的电机功率，防止连杆折断迅速下降冲击工作台面造成事故。

4）行程及行程次数　行程是指压力机滑块上下运动两端终点间的距离。压力机设置滑块行程，能保证成形零件的取出和方便毛坯的放进。在冲压过程中，拉深和弯曲一般需要设置较大的行程。拉深工序设置的行程至少应为成品零件高度的 2 倍以上，一般取 2.5 倍。习惯上把压力机滑块的运动也称为“行程向下”“行程向上”“每分钟行程次数”等。

5）压力机精度检测　压力机的精度包括动态精度和静态精度。压力机精度主要是在压力机静态情况下，所能测量到的压力机的各项技术指标，故称为静态精度。有如下项目：

① 工作台面的平面度；

② 滑块的平面度；

③ 工作台面对滑块下平面的平行度；

④ 滑块行程对工作台面的垂直度；

⑤ 滑块导轨与床身导轨的间隙。

6）压力机的润滑　润滑的作用是减小摩擦系数，降低运动面的磨损，延长设备的寿命。60%以上的设备故障是润滑原因引起的。

压力机的润滑按润滑方式分为集中自动润滑和手工分散润滑；按润滑油的种类分为稀油润滑和浓油润滑。润滑剂的种类有机械油、润滑油及各种高低温润滑脂，例如 MOS2、各型号的锂基脂、复合 Al 基脂、Ca 基脂等。

7）上极点和下极点　上极点和下极点是压力机滑块上下运动的上端和下端终点，又称上死点和下死点。

8）闭合高度　冲模在工作位置下极点时上模座上平面和下模座下平面之间的距离。

1.3 冲压加工工艺类型

冲压主要有分离和成形两大工艺。分离也称冲裁，其目的是使冲压件沿一定轮廓线从板料上分离，同时保证分离断面的质量要求。成形是使板料在不破坏的条件下发生塑性变形，制成所需形状和尺寸的工件。在实际生产中，常常是多种工艺综合应用于一个工件。分离包括剪裁、落料、冲孔、切边、整修。成形包括弯曲、拉延（拉深）、拉形、旋压、整形、胀形、翻边、缩口、校平、矫正等。

冲裁：是使用模具分离材料的一种基本冲压工序，它可以直接制成平板零件或为其他冲压工序如弯曲、拉深、成形等准备毛坯，也可以在已成形的冲压件上进行切口、修边等。冲裁广泛用于汽车、家用电器、电子、仪器仪表、机械、铁道、通信、化工、轻工、纺织以及航空航天等工业部门。冲裁加工约占整个冲压加工工序的 50%～60%。

弯曲：将金属板材、管件和型材弯成一定角度、曲率和形状的塑性成形方法。弯曲是冲压件生产中广泛采用的主要工序之一。金属材料的弯曲实质上是一个弹塑性变形过程，在卸载后，工件会产生弹性回复，称为回弹。回弹影响工件的精度，是弯曲工艺必须考虑的技术关键。

拉深：拉深也称拉延或压延，是利用模具使冲裁后得到的平板坯料变成开口的空心零件的冲压加工方法。 用拉深工艺可以制成筒形、阶梯形、锥形、球形、盒形和其他不规则形状的薄壁零件。如果与其他冲压成形工艺配合，还可制造形状极为复杂的零件。在冲压生产中，拉深件的种类很多。由于其几何形状特点不同，变形区的位置、变形的性质、变形的分布以及坯料各部位的应力状态和分布规律有着相当大的、甚至是本质的差别，所以工艺参数、工序数目与顺序的确定方法及模具设计原则与方法都不一样。各种拉深件按变形力学的特点可分为直壁回转体（圆筒形件）、直壁非回转体（盒形体）、曲面回转体（曲面形状零件）和曲面非回转体等四种类型。

拉形：通过拉形模对板料施加拉力，使板料产生不均匀拉应力和拉伸应变，随之板料与拉形模贴合面逐渐扩展，直至与拉形模型面完全贴合。拉形的适用对象主要是制造材料具有一定塑性，表面积大，曲度变化缓和而光滑，质量要求高（外形准确、光滑流线、质量稳定）的双曲度蒙皮。拉形由于所用工艺装备和设备比较

简单，故成本较低，灵活性大；但材料利用率和生产率较低。

旋压：一种金属回转加工工艺。在加工过程中，坯料随旋压模主动旋转或旋压头绕坯料与旋压模主动旋转，旋压头相对芯模和坯料作进给运动，使坯料产生连续局部变形而获得所需空心回转体零件。

整形：利用既定的磨具形状对产品的外形进行二次修整，主要为压平面、弹脚等，是针对部分材料存在弹性，无法保证一次成形品质时采用的再次加工。

胀形：利用模具使板料拉伸变薄局部表面积增大以获得零件的加工方法。常用的有起伏成形，圆柱形（或管形）毛坯的胀形及平板毛坯的拉张成形等。胀形可采用不同的方法来实现，如刚模胀形、橡皮胀形和液压胀形等。

翻边：沿曲线或直线将薄板坯料边部或坯料上预制孔边部窄带区域的材料弯折成竖边的塑性加工方法。翻边主要用于零件的边部强化，去除切边以及在零件上制成与其他零件装配、连接的部位或具有复杂特异形状、合理空间的立体零件，同时提高零件的刚度。在大型钣金成形时，也可作为控制破裂或褶皱的手段，所以在汽车、航空、航天、电子及家用电器等工业部门中应用广泛。

缩口：将已经拉伸好的无凸缘空心件或管坯开口端直径缩小的冲压方法。缩口前、后工件端部直径变化不宜过大，否则端部材料会因受压缩变形剧烈而起皱。因此，由较大直径缩成很小直径的颈口，往往需要多次缩口。

冲压加工的工艺类型如表 1-1 所示。

表 1-1　冲压加工的工艺类型

工艺	分离工艺	成形工艺	综合工艺
类型	落料 冲孔 切断 切口 切边 剖切	弯曲 拉深 变薄拉深 孔翻边 外缘翻边 胀形 缩口 扩口 局部成形 卷边 校形 挤压	连续冲压 复合冲压

1.4 冲压加工的材料性能及测试

1.4.1 冲压加工材料性能要求

冲压加工材料的特性包括：强度、刚度、导电性、导热性、重要性、耐腐蚀性等。常用材料有：镀锌板（SPCC）、电解板（SECC）、冷轧板（CRS）、铝板（Al）、铜材（Cu）、不锈钢（SUS）、镁合金（MAIA）、钛合金（Ti alloy）、马口铁（SPTE）等。主要形态有：片状、卷状、管状。图 1-4 是冲压原材料。

图 1-4 冲压原材料

冲压用板料的表面和内在性能对冲压成品的质量影响很大，对于冲压材料的具体要求是：

① 厚度精确、均匀。冲压用模具精密、间隙小，板料厚度过大会增加变形力，并造成卡料，甚至将凹模胀裂；板料过薄会影响成品质量，在拉深时甚至出现拉裂。

② 表面光洁，无斑、无疤、无擦伤、无表面裂纹等。一切表面缺陷都将存留在成品工件表面，裂纹性缺陷在弯曲、拉深、成形等过程中可能扩展，造成废品。

③ 屈服强度均匀，无明显方向性。各向异性（塑性变形的板料在拉深、翻边、胀形等冲压过程中，因各向屈服的出现有先后，塑性变形量不一致）会导致不均匀变形，使成形不准确而造成次品或废品。

④ 均匀延伸率高。抗拉试验中，试样开始出现细颈现象前的延伸率称为均匀延伸率。在拉深时，板料的任何区域的变形不能超过材料的均匀延伸范围，否则会出现不均匀变形。

⑤ 屈强比低。材料的屈服极限与强度极限之比称为屈强比。低的屈强比不仅能降低变形抗力，还能减小拉深时起皱的倾向，减小弯曲后的回弹量，提高弯曲件精度。

⑥ 加工硬化性低。冷变形后出现的加工硬化会增加材料的变形抗力，使继续变形困难，故一般采用低硬化指数的板材。但硬化指数高的材料的塑性变形稳定性好（即塑性变形较均匀），不易出现局部性拉裂。

图 1-5 是冲压五金背板。图 1-6 是其他冲压五金件。

在实际生产中，常用与冲压过程近似的工艺性试验，如拉深性能试验、胀形性能试验等检验材料的冲压性能，以保证成品质量和高的合格率。

图 1-5　冲压五金背板

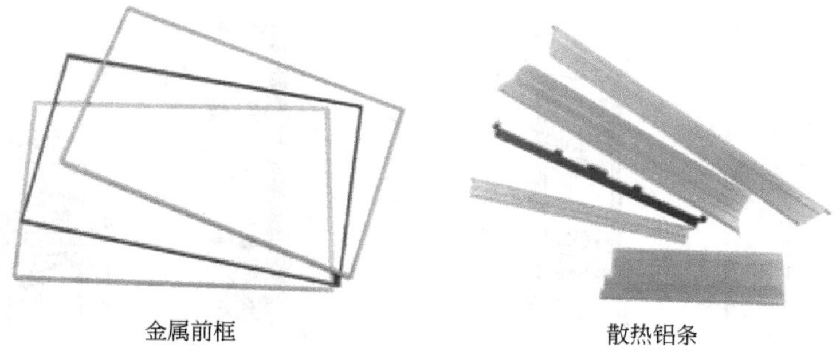

图 1-6

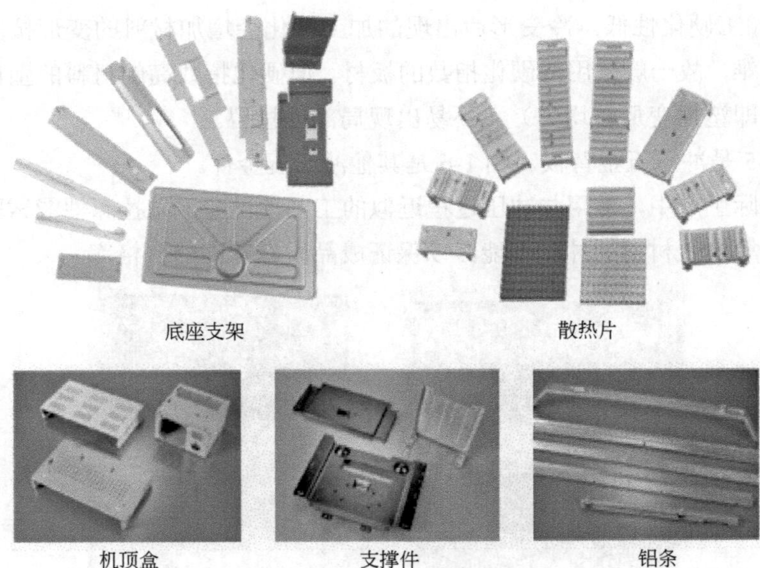

底座支架　散热片

机顶盒　支撑件　铝条

图 1-6　其他冲压五金件

1.4.2　拉伸试验

冲压材料拉伸试验性能如表 1-2 所示。冲压材料性能用拉伸试验机进行检测，见图 1-7、图 1-8。板材拉伸测试按照标准 GB/T 228.1—2010 进行。

表 1-2　冲压材料拉伸试验性能

屈服强度 R_e	抗拉强度 R_m	伸长率 A	外观	弯曲	杯突/mm	镀层重量/（g/m²）	
						上面	下面
136	295	54.0	合格	合格		20	20

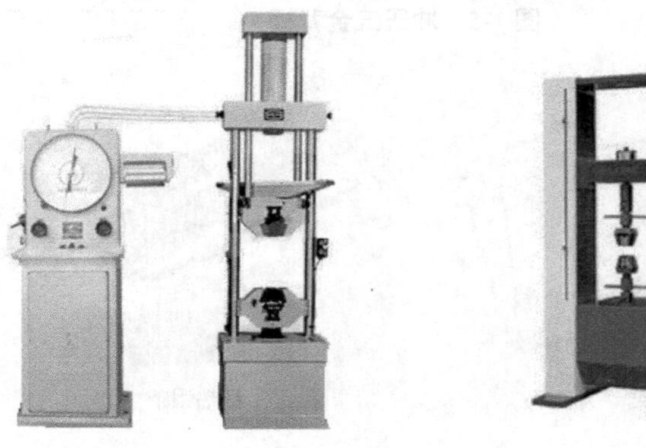

图 1-7　WE 系列液压式拉伸测试试验机　图 1-8　WDW 系列电子式材料拉伸测试试验机

图 1-9 是机加工的矩形横截面试样图，图中过渡圆角 r≥20mm，头部宽度≥1.2b_0，L_0=50mm，L_c=75mm（带头）。

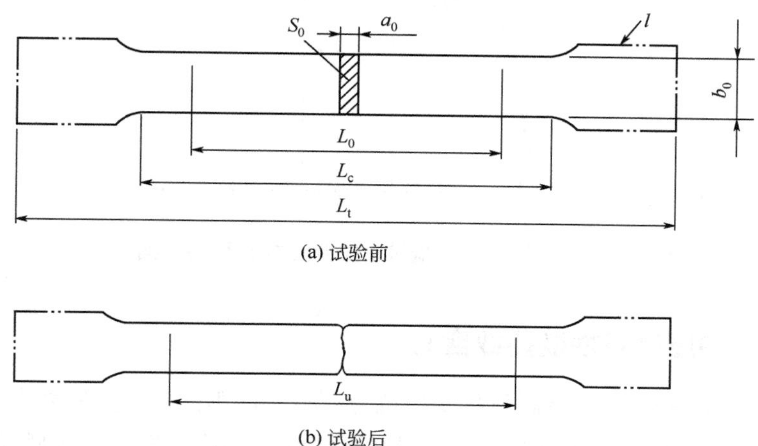

(a) 试验前

(b) 试验后

图 1-9 机加工的矩形横截面试样（单位：mm）

a_0——板试样原始厚度或管壁原始厚度；L_t——试样总长度；b_0——板试样平行长度的原始宽度；L_u——断后标距；L_0——原始标距；S_0——平行长度的原始横截面积；L_c——平行长度；l——夹持头部长度

注：试样头部形状仅为示意性。

图 1-10 是拉伸试验从开始拉伸到材料断裂图，拉伸试验从开始拉伸到材料断裂，其应力-应变曲线可以分为四个阶段。

（a）弹性阶段 0b：此时卸下载荷，材料可以回复原状，材料回弹就是由此造成的。

（b）屈服阶段 bc：材料失去抵抗变形能力。从 b 处开始，材料就已经无法回复原状。

（c）强化阶段 ce：材料恢复抵抗变形能力。

（d）局部颈缩阶段 ef：材料颈缩直至断裂。

图 1-11 是低碳钢拉伸应力-应变曲线图，图中 σ_s 为屈服强度（Y.S.），σ_b 为抗拉强度（T.S.）。

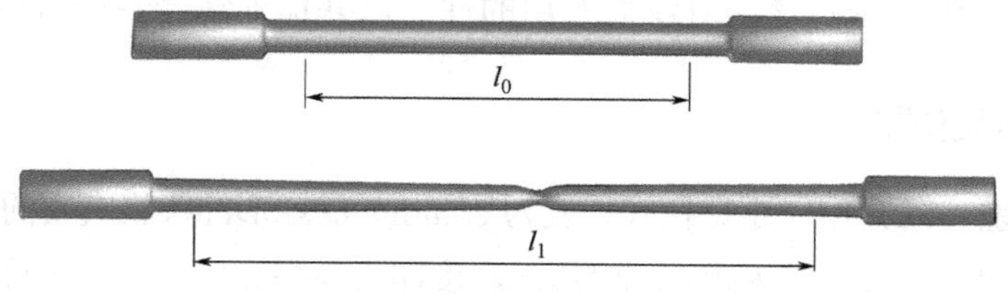

图 1-10 拉伸试验从开始拉伸到材料断裂

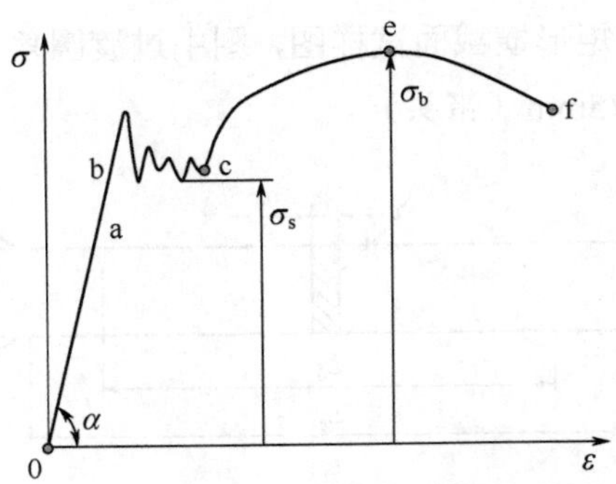

图 1-11　低碳钢拉伸应力-应变曲线图

1.4.3　冲压材料性能参数含义

1）屈服强度 σ_s　反映材料变形抗力，σ_s 小，则冲压需要的力小（即冲床吨位低），不易起皱且冲压回弹小，即冲压材料 σ_s 小比较好。实际测试时选择 $\sigma_{0.2}$ 为屈服强度，即永久塑性变形量等于原长度 0.2%时的应力值。

2）抗拉强度 σ_b　反映材料抗拉伸变形程度，σ_b 大则材料不易拉裂，冲压材料 σ_b 大比较好。

3）屈强比 σ_s/σ_b　对材料冲压性能影响较大，σ_s/σ_b 越小，材料从屈服到破裂的塑性变形阶段越长（变形区间大），有利于冲压成形。

4）伸长率 δ　伸长率直接决定板料的塑性性能，大多数材料的翻孔变形程度都与均匀伸长率成正比。试验证明，伸长率是影响翻边、扩孔性能的主要指标。

5）硬化指数 n　表示在塑性变形中材料的硬化程度。硬化使材料强度提高，变形均匀，不易产生裂纹。对伸长变形，n 值越大越好。

6）厚向异性指数 γ　宽度方向拉伸时，厚度方向也会发生应变，γ 为试样宽度方向应变与厚度方向应变比值。γ 值越大，表示板料宽度方向变形越容易，同时板料受拉处厚度不易变薄，即 γ 值越大越好。

材料选择不可能十全十美，增强一个性能的同时可能会伤害另一个性能，所以材料选择关键是选择增强对我们有用的性能，并保证综合性能可以正常使用。

1.4.4　杯突试验

杯突试验方法是用一定直径（一般为 20mm）的球形冲头将夹紧的试样压入凹模内，直至出现穿透裂缝为止，此时压入深度即为杯突深度。杯突试验用于检测冲压板料的深冲性能或胀形性能，即材料的塑性变形能力。图 1-12 是杯突试验示意图。

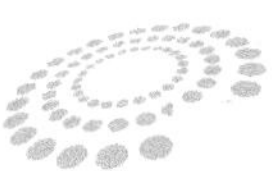

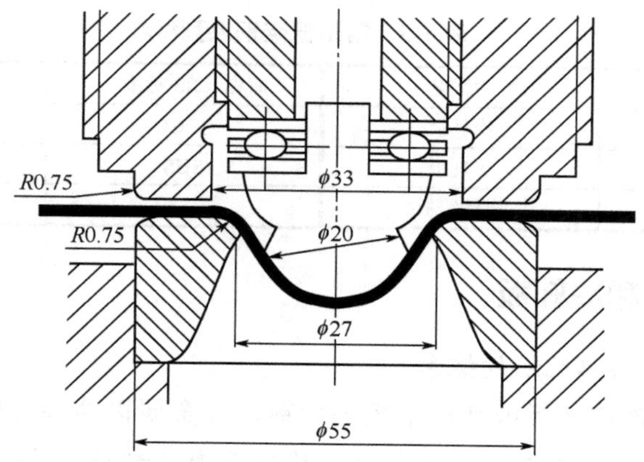

图 1-12　杯突试验示意图（单位：mm）

1.4.5　弯曲试验

对冲压镀锌板，弯曲试验主要是为了测试镀锌层的附着力。

试验要求：镀锌板弯曲 180°，然后用胶带粘，外侧表面没有锌层脱落，且板材不得有龟裂及断裂。弯曲试验是为了检测镀锌层的附着力，一般电镀锌板附着力较好，不易脱落；热镀锌锌层较厚，表面锌层容易脱落。图 1-13 是支辊式弯曲试验装置。

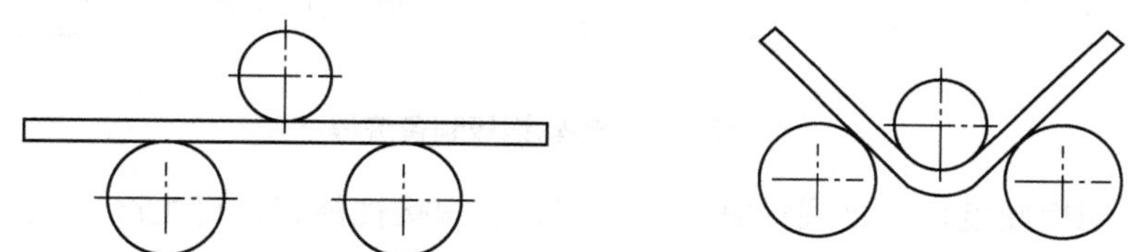
图 1-13　支辊式弯曲试验装置

1.5　常用冲压材料

常用冲压材料有低碳钢、铜及铜合金、铝及铝合金。

低碳钢一般要求 C 含量≤0.25%（质量）且 σ_b＜650N/mm^2。常用的低碳钢系列材料如表 1-3 所示，其中 SPCC 的含义是：钢（steel），板材（plate），冷轧（cold），普通级（common）。

表 1-3　常用低碳钢系列材料

简称（JIS 标准）	中文名	简称（JIS 标准）	中文名
SPCC	冷轧板	SGCC	热镀（浸）锌板
SPHC	热轧板	SUS	不锈钢系列
SECC	电镀锌板		

1.5.1　热轧板和冷轧板

（1）冷轧板与热轧板的概念

热轧钢板以连铸坯板或初轧钢板为原料，在金属再结晶温度（450～600℃）以上，一般在 1100～1250℃之间加热，进行多道轧制及后续处理制备而成。图 1-14 是热轧钢板制备流程。

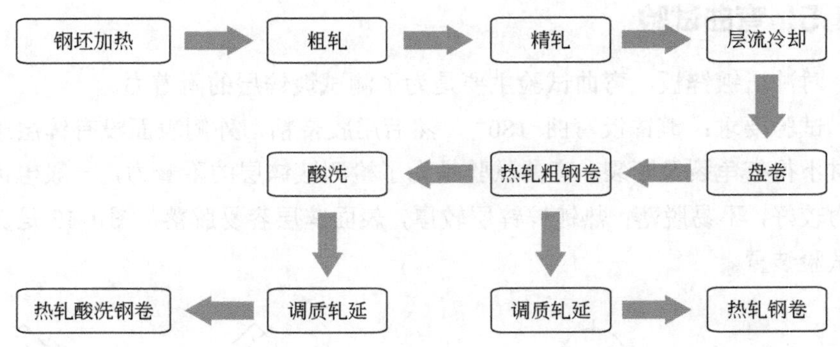

图 1-14　热轧钢板制备流程

热轧钢板硬度低，延展性好，加工容易，焊接性能好，可生产一般及焊接结构，主要用于钢结构件、桥梁、船舶、车辆的生产，比如钣金部件的酸洗板、汽车钢板。常见牌号有 SPHC、SPHD、SPHE。

冷轧钢板俗称冷板。它以热轧钢板为原料，在再结晶温度（常为室温）以下经多道轧制而成。

图 1-15 是冷轧钢板制备流程，冷轧钢板是以热轧钢板为原料，通过冷轧、退火、镀层而成。

冷轧：一般直接将酸洗后的钢卷直接进行多道轧制（5 道或 6 道连轧），钢板厚度压缩在 60%～90%之间，轧制时要进行润滑和冷却。

退火：目的是为了消除冷轧加工硬化，提高钢板塑性，未退火的钢板叫轧硬卷，一般只能用做无需折弯、拉伸的产品。

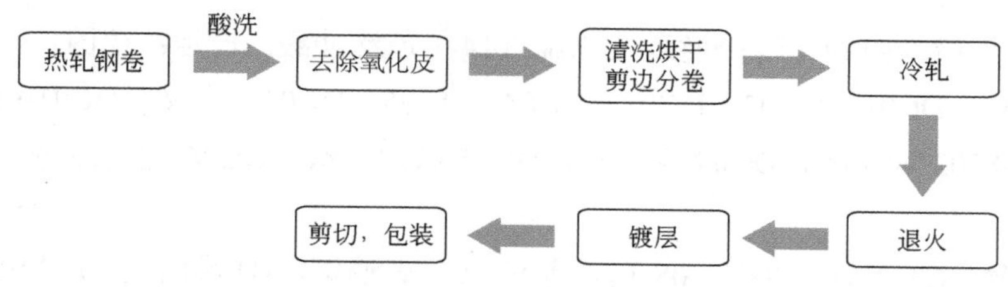

图 1-15　冷轧钢板制备流程

镀层：包括镀锌、镀锡及有机涂层。镀锌处理即是我们背板冲压使用的镀锌板。

（2）冷轧板与热轧板的区别

1）热轧板硬度低，加工性能好，延展性能好，焊接性能好，强度较低；冷轧板硬度高，加工相对困难，不易变形，强度较高。

2）冷轧板表面光洁度高，一般为薄板，厚度在 0.3～3mm。热轧钢板表面有氧化皮、麻点等缺陷，一般为中厚板，厚度在 1～20mm。

3）冷轧板最薄可轧制 0.001mm 钢带，热轧现在最薄只能到 0.78mm，冷轧板可根据用户需求调整其力学性能如抗拉强度等。

（3）冷轧板分类和牌号

冷轧板由于用途不同、成分不同、产地不同，名称较为复杂。以国产冷轧板为例，根据用途可以分为以下三类：冷轧普通钢板、冷轧优质钢板和深冲压冷轧板。

1）冷轧普通钢板　牌号有 Q195、Q215、Q235、Q275。Q235 强度、塑性等综合性能最好，应用最广泛。Q235 表示钢的屈服强度是 235MPa（N/mm^2）。产地：鞍钢、武钢、宝钢等。

2）冷轧优质钢板　牌号有 08、08F、10、10F。08F 表示碳含量为 0.08%的不脱氧沸腾钢（F-不脱氧沸腾钢，b-半镇静钢，Z-镇静钢，质量：F＞b＞Z）。产地：鞍钢、武钢、太钢、宝钢、抚顺钢厂、大连钢厂、沈阳钢厂和重庆钢厂等。

3）深冲压冷轧板　多为铝脱氧的镇静钢，塑性比较好，具有优良的深拉延特性。牌号：08Al。产地：鞍钢、武钢、宝钢、太钢和重庆钢厂等。

冷轧板牌号中，我们有时看到的 SPCC、ST12、DC01 分别是什么含义？这些是不同国家钢材标号。

牌号：SPCC、SPCD、SPCE、SPCEN。含义：SPCC 普通级，SPCD 冲压级，SPCE 深冲级（Elongation），SPCEN 中 N 表示要求时效处理。产地：宝钢、中国台湾、日本等。

牌号：ST12、ST13、ST14、ST15、ST16、ST14-T。含义：ST12 普通级，

ST13 冲压级，ST14/15 深冲级，ST16/ST14-T 超深冲级。产地：德国。

牌号：DC01、DC02、DC03、DC04、DC05、DC06。含义：DC01/DC02 普通级，DC03 冲压级，DC04 深冲级，DC05 特深冲级，DC06 超深冲级。产地：欧洲。

牌号：CT-3kП、08kП、08ПC。含义：CT 普通钢，kП 沸腾钢，ПC 镇静钢。产地：俄罗斯。

冷轧板牌号对照如表 1-4 所示，表中普通是指性能最普通，一般只用于折弯，不用于冲压；表中冲压及深冲用于电视背板、简单汽车零部件等；表中特深冲及超深冲用于结构复杂的大型冲压件。

表 1-4　冷轧板牌号对照表

产地	标准	普通	冲压	深冲	特深冲	超深冲
中国	GB	Q195	08Al（13237）	08Al（5213）		
日本	JIS	SPCC	SPCD	SPCE，SPCEN		
德国	DIN	ST12	ST13	ST14/ST15		ST14-T/ST16
俄罗斯	ГОСТ	CT-3kП	08kП	08ПC		
欧洲		DC01	DC03	DC04	DC05	DC06
宝钢	QB	BLC	BLD	BUSD	BUFD	BSUFD

（4）冷轧板力学性能

常用冷轧板有国产冷轧钢板、日本冷轧钢板、欧标与德国冷轧钢板和俄罗斯冷轧钢板。表 1-5 是国产冷轧钢板力学性能表，表 1-6 是日本冷轧钢板力学性能表，表 1-7 是欧标与德国冷轧钢板力学性能表，表 1-8 是俄罗斯冷轧钢板力学性能表。

表 1-5　国产冷轧钢板力学性能表

牌号	板厚/mm	力学性能			
		σ_s≥/MPa	σ_b≥/MPa	δ≥/%	杯突值
Q235（普通）	0.8　1.0　1.2	235	375～406	26	
08F（冲压）	0.8　1.0　1.2	175	275～380	34	9.5　10.1　10.6
08Al（深冲）	0.8　1.0　1.2	196～235	255～343	42	10.6　11.2　11.5

表 1-6　日本冷轧钢板力学性能表

牌号	板厚/mm	力学性能		
		σ_s≥/MPa	σ_b≥/MPa	δ≥/%
SPCC（普通）	0.6～1.0	—	270	36
SPCD（冲压）	0.6～1.0	—	270	38
SPCE/SPCEN（深冲）	0.6～1.0	210	270	40

表 1-7　欧标与德国冷轧钢板力学性能表

欧标	德国	板厚/mm	力学性能		
			σ_s≥/MPa	σ_b≥/MPa	δ≥/%
DC01（普通）	ST12	0.6～1.0	130～260	270	30
DC03（冲压）	ST13	0.6～1.0	120～240	270	34
DC04（深冲）	ST14/15	0.6～1.0	120～210	270	38
DC05（特深冲）	—	0.6～1.0	110～190	260	39
DC06（超深冲）	ST14-T/ST16	0.6～1.0	100～180	260	40

表 1-8　俄罗斯冷轧钢板力学性能表

牌号	力学性能		
	σ_s≥/MPa	σ_b≥/MPa	δ≥/%
CT-3kП（普通）	196～235	363～461	24～27
08kП（冲压）	196	314～412	Ψ≥55%
08ПC（深冲）	196	294～392	Ψ≥60%

1.5.2　镀锌钢板

镀锌钢板（SECC/SGCC）是背板冲压较为常用的原材。镀锌钢板就是在前面所述的冷轧钢板上作镀锌处理，根据镀锌方式不同分为电镀锌钢板和热浸锌钢板。镀锌板制备工艺如图 1-16 所示，镀锌板与冷轧板冲压性能基本相同。

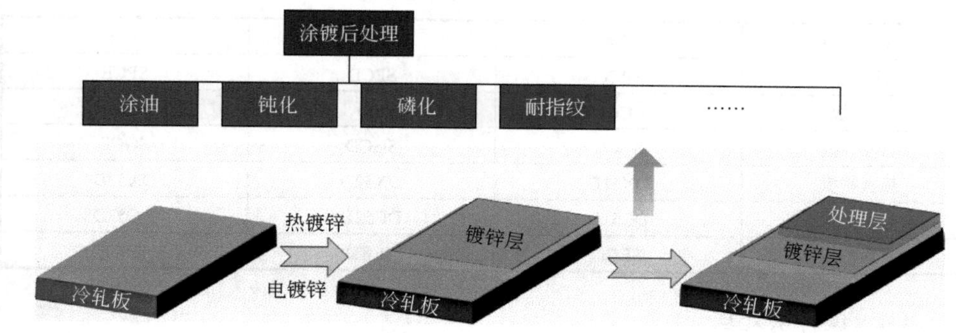

图 1-16　镀锌板制备工艺

（1）热浸锌钢板

冷轧板前处理后浸入熔融锌液中，铁与熔融锌反应生成一合金化的锌层。图 1-17 是热浸锌钢板制备工艺。

（2）电镀锌钢板

冷轧板前处理后浸入电解液中，通过电解反应，电解液中的 Zn^{2+}还原沉积在冷轧板上。图 1-18 是电镀锌钢板制备工艺。

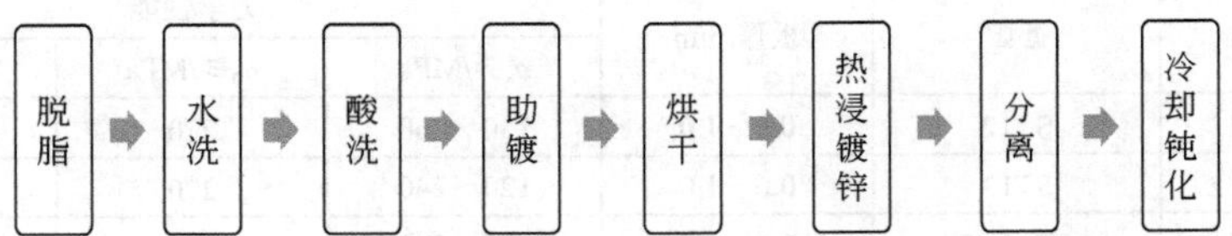

图 1-17　热浸锌钢板制备工艺

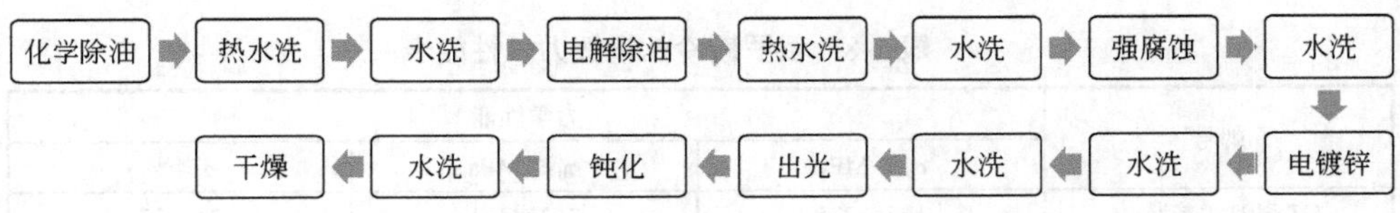

图 1-18　电镀锌钢板制备工艺

（3）热镀锌（SGCC）与电镀锌（SECC）比较

热镀锌镀层较厚（宝钢目前最薄的单面镀锌 40g/m^2），耐腐蚀性能较好；热镀锌流程简单，生产效率比较高，故价格低于电镀锌板。

电镀锌表面镀层更加致密，表面质量好；电镀层镀层较薄，锌层不易脱落。

表 1-9 是不同牌号加工性能。

表 1-9　不同牌号加工性能

加工性能	普通	冲压	深冲
冷轧板	SPCC	SPCD	SPCE
冷轧板	CQ	DQ	EQ
热浸锌板	SGCC	SGCD	SGCE
热浸锌板	DX51D	DX52D	DX52D
热浸锌板	DC51D	DC52D	DC53D
电镀锌板	SECC	SECD	SECE

（4）镀锌层处理

由于用户对产品要求不同，镀锌完成后一般需要进行一种或多种表面处理，表面处理方式及代号如下。

涂油：防止产品因受潮产生白锈。涂油方法包括静电涂油和辊涂油，但防锈油易挥发，一般采用钝化加涂油方式防止白锈。

钝化：钝化镀锌板主要是为了防止运输与储存时“白锈”的产生，提高钢板的耐腐蚀性，可以分为六价铬钝化、三价铬钝化以及无铬钝化。

磷化：短期防锈处理的一种方式，保存期比铬酸钝化板短得多。

耐指纹：又称漆封镀锌板，是指为了防止镀锌产品留下指纹，在镀锌后的产品表面再涂覆一层极薄的耐指纹保护膜。

镀锌层处理代号及含义如表 1-10 所示。常见材料表面级别代号如表 1-11 所示。

表 1-10　镀锌层处理代号及含义

处理方式	不处理	铬酸钝化	耐指纹	涂油	磷酸处理	铬酸钝化+涂油	磷酸处理+涂油
代号	M	C	N	O	P	S	Q

注：N2—非环保耐指纹；N5—环保耐指纹；T—要求退火处理。

表 1-11　常见材料表面级别代号

表面级别	较高级	高级	超高级
代号	FB	FC	FD
	O3	O4	O5

举例如下。

SECCN5 20/20 FC（宝钢）：环保耐指纹普通电镀锌板；双面镀锌，单面 20g/m^2；高级精整表面。

SECC-T（HX）（宝钢）：退火处理电镀锌板。

DX53D+Z180（华美）：深冲热浸锌钢板，Z180 表示镀锌量为 180g，如无 Z 或者 Z 后无数字表示镀锌量为 80g。

SECC-P：磷化处理或无铬钝化处理。

1.5.3　不锈钢

不锈钢指 Cr 含量高于 11%（质量）的高合金钢，具有耐腐蚀和耐热性。包括铁素体不锈钢、奥氏体不锈钢以及马氏体不锈钢。

铁素体不锈钢的冲压性能接近于冷轧钢板，因此具有良好的拉伸性能。但其伸长率约为 0.25～0.3 左右，均小于奥氏体不锈钢，所以它的伸长类冲压成形性能较差。

不锈钢特性：

① 硬度及抗拉强度高于软钢板的 2 倍。

② 热传导性不佳，热膨胀系数大。

③ 深引伸加工会产生时效割裂。

④ 表面容易被模具刮伤。

不锈钢牌号表示的含义：

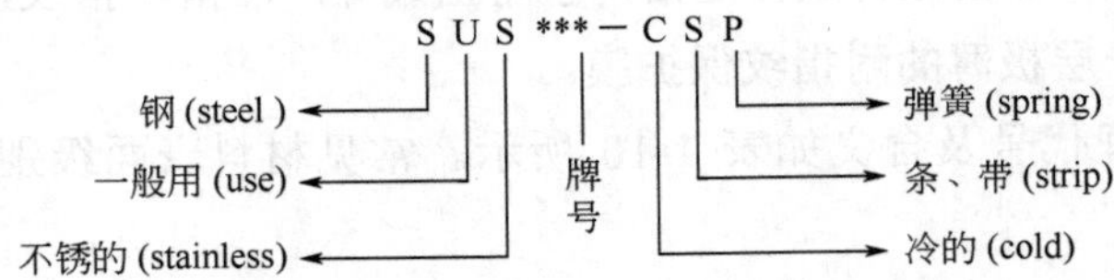

不锈钢性能见表 1-12。

表 1-12　不锈钢钢板材料特性

系列及材料型号		拉伸试验值					锥皿试验值	
系列	材料型号	抗拉强度/MPa	屈服强度/MPa	延伸率/%	加工硬化值 *n*	*r* 值	LDR	CCV
奥氏体系列（A系）	SUS304	70	24	60	0.54	0.95	2.06	26.5
	SUS305	64	27	50	0.44	1.0	2.06	38.0
	SUS301	83	33	64	—	—	2.2	—
	SUS301S	59	28	44	0. 37	0.94	2.13	38.5
回氏体系列（F系）	SUS430	50	33	28	0.19	1.35	2.13	28.7
	SUS430LX	50	37	31	0. 21	1.66	2. 21	—
	SUS410L	44	29	36	—	—	—	47.0
马氏体系列（M系）	SUS410	42	29	33	—	1.2	2.1	27.5

1.5.4　铝及铝合金

（1）铝及铝合金

冲压用铝材主要包括纯铝［Al 含量＞99.0%（质量）］、硬铝（Al-Cu-Mg-Mn 合金）、防锈铝（Al-Mn 系和 Al-Mg 系合金）及锻铝（Al-Mg-Si 合金）等。纯铝的机械强度很低，导电性能强，一般用于冲压小型的电子零件；防锈铝热处理效果较差，主要通过冷作硬化来提高强度，它具有适中的强度和优良的塑性及抗蚀性能；锻铝大多是铝镁硅合金，热状态下强度较高，在退火状态下有很好的塑性，适于冲压加工，锻造加工；硬铝是铝铜镁合金，强度较高，热处理强化效果很好，抗拉强度可达 500～600MPa，相当于低合金钢的强度。

（2）铝合金牌号

铝合金牌号有 5005、2036、6063 等。

第一位数表示主要添加合金元素。1XXX 系列：工业纯铝；2XXX 系列：Al-Cu、Al-Cu-Mn 合金；3XXX 系列：Al-Mn、可加工纯铝；4XXX 系列：Al-Si 合金；5XXX

系列：Al-Mg 合金；6XXX 系列：Al-Mg-Si 合金；7XXX 系列：Al-Zn-Mg-Cu 合金。

第二位数表示原合金中主要添加合金元素含量或杂质成分含量经修改的合金。0：表示原合金。1：表示原合金成分经第一次修改。2：表示原合金成分经第二次修改。

后两位用于区分同一组别系列内的材料牌号，没有特殊意义。

（3）铝及铝合金性能

铝及铝合金性能如表 1-13 所示。

表 1-13　铝及铝合金材料特性

合金	抗拉强度/MPa	屈服强度/MPa	延伸率/%	合金	抗拉强度/MPa	屈服强度/MPa	延伸率/%
1100 1200	9.5 12.5 17	3.5 12 15.5	35 9 5	5005	12.5 16	4 15.5	25 6
2002 2036	33 35	18 20	30 25	5082	28 34 38	14 22 31	27 16 8
3003	11 15.5	4 15	30 8	6009	23	13	24
3004	19 25 29	7 21 26	22 9 5	6010	29	18	23

1.5.5　铜及铜合金

铜及铜合金依其制造方法可分为伸铜材（展伸铜）及铸造材两大类。铜及铜合金代表性特征为：①热传导性好，导电性佳；②切削加工性好；③具有非磁性功能；④低温下不产生脆化现象；⑤耐腐蚀；⑥弹性好；⑦色调美观，易镀锡。

铜及铜合金材料特性如表 1-14 所示。

表 1-14　铜及铜合金材料特性

材料名称	牌号	材料状态	抗剪强度 σ_c / MPa	抗拉强度 σ_b / MPa	伸长率 δ/%	屈服强度 σ_s / MPa	材料名称
纯铜	T1、T2、T3	软态	160	200	30	7	软态
		硬态	240	300	3		硬态
黄铜	H62	软态	260	300	35	—	软态
		半硬态	300	380	20	200	半硬态
	H68	软态	240	300	40	100	软态
		半硬态	280	350	25	—	

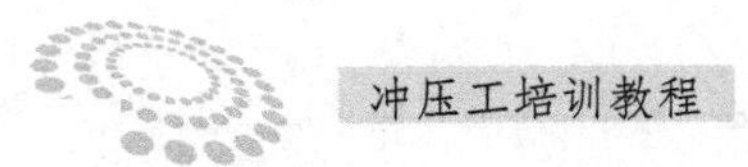

1.6 冲压加工工序和模具分类

1.6.1 冲压加工工序

卷边：将工序件边缘卷成接近封闭圆形。卷边圆形的轴线呈直线形。

卷缘：将空心件上口边缘卷成接近封闭圆形。

拉延：把平直毛料或工序件加工为曲面形，曲面主要依靠位于凸模底部材料的延伸形成。

拉弯：在拉力与弯矩共同作用下实现弯曲变形，使整个弯曲横断面全部受拉伸应力。

胀形：将空心件或管状件沿径向往外扩张。

剖切：将成形工序件一分为几。

校平：提高局部或整体平面型零件平直度。

起伏成形：依靠材料的延伸使工序件形成局部凹陷或凸起。起伏成形中材料厚度的改变为非意图性的，即厚度的少量改变是变形过程中自然形成的，不是设计指定的要求。

弯曲：利用压力使材料产生塑性变形，从而被弯成有一定曲率、一定角度的形状。

凿切：利用尖刃的凿切模进行的落料或冲孔工序。凿切并无下模，垫在材料下面的只是平板，被冲材料绝大多数是非金属。

深孔冲裁：孔径等于或小于被冲材料厚度时的冲孔工序。

落料：将材料沿封闭轮廓分离，被分离的材料成为工件或工序件，大多数是平面形的。

缩口：将空心件或管状件敞口处加压使其缩小。

整形：依靠材料流动，少量改变工序件形状和尺寸，以保证工件精度。

整修：沿外形或内形轮廓切去少量材料，从而提高边缘光洁度和垂直度。整修工序一般也同时提高尺寸精度。

翻孔：沿内孔周围将材料翻成侧立凸缘。

翻边：沿外形曲线周围将材料翻成侧立短边。

拉伸：把平直毛料或工序件变为空心件，或者把空心件进一步改变形状和尺寸。拉伸时空心件主要依靠位于凸模底部以外的材料流入凹模而形成。

连续拉伸：在条料（卷料）上，用同一副模具（连续拉伸模）通过多次拉伸

逐步形成所需形状和尺寸。

变薄拉伸：把空心工序件进一步改变形状和尺寸，意图性地把侧壁减薄的一种拉伸工序。

反拉伸：把空心工序件内壁外翻的一种拉伸工序。

差温拉伸：利用加热、冷却手段，使待变形部分材料的温度远高于已变形部分材料的温度，从而提高变形程度的一种拉伸工序。

液压拉伸：利用盛在刚性或柔性容器内的液体，代替凸模或凹模以形成空心件的一种拉伸工序。

压筋：起伏成形的一种。当局部起伏以筋形式出现时，相应的起伏成形工序称为压筋。

1.6.2　冲压模具分类

依产品加工方法的不同，可将模具分成冲剪模具、弯曲模具、抽制模具、成形模具和压缩模具等五大类。

1）冲剪模具　以剪切作用完成工作，常用的形式有剪断冲模、下料冲模、冲孔冲模、修边冲模、整缘冲模、拉孔冲模和冲切模具。

2）弯曲模具　将平整的毛坯弯成一个角度的形状，视零件的形状、精度及生产量的多寡，乃有多种不同形式的模具，如普通弯曲冲模、凸轮弯曲冲模、卷边冲模、圆弧弯曲冲模、折弯冲缝冲模与扭曲冲模等。

3）抽制模具　将平面毛坯制成有底无缝容器。

4）成形模具　用各种局部变形的方法来改变毛坯的形状，其形式有凸张成形冲模、卷缘成形冲模、颈缩成形冲模、孔凸缘成形冲模、圆缘成形冲模。

5）压缩模具　利用强大的压力，使金属毛坯流动变形，成为所需的形状，其种类有挤制冲模、压花冲模、压印冲模、端压冲模。

1.7　冲压操作基本知识

1.7.1　冲床安全操作知识

由于冲床具有速度快、压力大的特点，因此采用冲床进行冲裁、成形作业时，必须遵守安全规程，具体如下：

1）需要检查设备主要紧固件有无松动；各传动连接润滑部位是否正常，模具是否有裂纹，支撑连杆是否有松动或者松脱。

2）检查防护装置是否处于良好状态；冲床压机之外的传动部件，必须安装防护罩，禁止在卸下防护罩的情况下开车或试车。

3）开车前应检查主要紧固螺钉有无松动，模具有无裂纹，操纵机构、自动停止装置、离合器、制动器是否正常，润滑系统有无堵塞或缺油；必要时可以开空车做试验。

4）安装模具必须将滑块开到下极点，闭合高度必须正确，尽量避免偏心载荷；模具必须紧固牢靠，并经过试压检查。

5）工作中注意力要集中，严禁将手和工具等物件伸进危险区内；小件一定要用专门工具（镊子或送料机构）进行操作；模具卡住坯料时，只准用工具去解脱。

6）发现冲床运转异常或有异常声响（如连击声、爆裂声）应该立即停止送料，检查原因；如系转动部件松动、操纵装置失灵、模具松动及缺损，应停车修理。

7）检查离合器和刹车带是否正常，检查配电箱和急停按钮是否正常。

8）两人以上操作时，应定人开车，注意协调配合好。下班前应将模具落靠，断开电源，并进行必要的清扫；做好设备日常保养和维护。

1.7.2 冲压操作流程

冲压操作流程包括：送料；定料；操纵设备；取件；清除废料；工作点的布置；物料转移。

1）送料　将板材送入模具内的操作称为送料。送料操作是在滑块即将进入危险区之前进行的，操作者的手不在模具内操作，才是安全的；由于模具设计问题必须手持板材进入模具时有较大的危险性，切记手勿伸入模具内。

2）定料　将板材固定在模具定位装置上的操作称为定料，此操作在送料操作后，它处在滑块即将下滑的时刻。定料的方便程度直接影响操作的安全性，定料难度加大，会使得危险时间加长。定位方式有挡料销定位、定位板定位、导板定位、导正销定位、定距侧刃定位等方式。注意定位销钉、定位板有一定的高度，以防止冲床发生连冲故障。

3）操纵设备　常用的操纵方式有两种：一是按钮开关操纵。当单人操作按钮开关时一般不易发生危险，多人操作时容易因配合不当或者照顾不周发生伤害

事故。二是脚踏开关操纵，虽然操作方便，但如果手脚配合不好，发生失误，可能造成事故。

4）取件　从模具内取出冲压成形的工件的操作称为取件。取件操作在滑块回程期间完成。操作中注意：严禁手工直接取件；防止冲床发生连冲故障；防止误操作启动开关。取件方法有：下漏出件；弹性卸料取件；打料式出件；手工取件（使用安全手）。

5）清除废料　清除模具内的冲压废料。废料是分离工序中不可避免的，如果在操作过程中不能及时清理，会影响生产作业正常运行，使得工件报废。清除废料时，严禁误用手直接在模具内清理；清扫模具时必须断开电源或者紧急停车。

6）物料转移　加工后的工件从车间转移出去的全部过程。工件从车间转移出去过程中，工件在冲压过程中留下的锋利的边缘和毛刺给搬运带来很大的危险，如人员刮伤、割伤、刺伤等都是在转移工件操作时容易出现的事故，严重时可能导致伤口流血不止。应特别注意：工作时个人防护用品必须佩戴齐全。

第 2 章 冲压设备及其操作

2.1 冲床

2.1.1 冲床的基本结构及其特点

（1）冲床的基本结构　冲床由工作机构、传动系统、操纵系统、能源系统、支承部件等组成。工作机构由滑块、连杆、曲轴等组成。传动系统由皮带轮、齿轮、传动轴等组成。操纵系统由离合器、制动器及操纵机构等组成。能源系统由电动机、飞轮等组成。支承部件由床身、导轨、轴承等组成。

（2）冲床的结构特点

1）结构具有高刚性、高强度

① 高刚性、高精度机架，采用钢板焊接，并经热处理、消除了机身内应力以使设备长期稳定工作不变形；

② 结构件负荷均匀，刚性平衡。

2）具有稳定的高精度　设备主要部件曲轴、齿轮、传动轴等部位均经硬化热处理后再研磨加工，都有很高的耐磨性，长期性能稳定，确保了高精度稳定的要求。

3）操作可靠、安全　冲床操作方便、定位准确，尤其采用离合器/刹车器的组合装置，具有很高的灵敏度，再加上通用的双联电磁控制阀以及过负荷保护装置等高端设备，确保了冲床滑块高速运动及停止的精确与安全性。

4）生产自动化、省力、效率高　冲床可搭配相应的自动送料装置，具有送料出错检测、预裁、预断装置，可完全实现自动化生产，成本低，效率高。

5）采用滑块调整机构　滑块调整分为手动调整和电动调整，方便、可靠、安全、快捷，精度可达 0.1mm；设计新颖、环保。

2.1.2 冲床的分类和类型

按照驱动力不同分为机械式、液压式冲床。

按照滑块运动方式分为单动、复动、三动等冲床，一滑块的单动冲床使用最多，复动及三动冲床主要使用在汽车车体及大型加工件的引伸加工。

按照滑块驱动机构分为曲轴式冲床、无曲轴式冲床、肘节式冲床、摩擦式冲床、螺旋式冲床、齿条式冲床、连杆式冲床和凸轮式冲床等。

1）曲轴式冲床　使用曲轴机构的冲床称为曲轴式冲床，是使用最多的类型，用于冲切、弯曲、拉伸、热间锻造、温间锻造、冷间锻造等。

2）无曲轴式冲床　无曲轴式冲床又称偏心齿轮式冲床，优点是轴刚性、润滑、外表、保养等方面优于曲轴构造，缺点则是价格较高；用于冲压行程较长的制品和大型机的冲切用等。

3）肘节式冲床　在滑块驱动上使用肘节机构，适用于压印加工及精整等的压缩加工，冷间锻造使用最多。

4）摩擦式冲床　在轨道驱动上使用摩擦传动与螺旋机构。优点是适宜锻造、压溃作业，也可用于弯曲、成形、拉伸等加工，因价格低廉被广泛使用；缺点是加工精度不佳，生产速度慢，控制操作出错时，会出现过负荷，使用上需要熟练的技术。

5）螺旋式冲床（或螺丝冲床）　在滑块驱动机构上使用螺旋机构。优点是工艺范围广、维修方便、节省金属、设备构造简单、造价低、基建要求不高，特别适合于低塑性合金的锻造，可实现精密锻造，只适用于单模膛模锻，生产率低，在中小锻件的中小批量生产中应用较广。

6）齿条式冲床　在滑块驱动机构上使用齿条与小齿轮机构。螺旋式冲床与齿条式冲床特点相似。用于压入衬套、碎屑及其他物品的挤压、榨油、捆包及弹壳的压出等。

7）连杆式冲床　在滑块驱动机构上使用各种连杆机构。使用连杆式冲床优点是加工周期短，可以提高生产率，在拉深加工时在将拉深速度保持于限制之内的同时，缩小加工周期，利用缩减引伸加工的速度变化，加快从上极点至加工开始点接近行程与从下极点至上极点复归行程的速度，以提高生产效率。连杆式冲床适用于圆筒状容器的深拉伸，床台面较窄；也可以用于汽车主体面板的加工，床台面较宽。

8）凸轮式冲床　在滑块驱动机构上使用凸轮机构的冲床称为凸轮冲床。优点是通用性强、精度高、性能可靠、便于操作。凸轮式冲床配备自动送料装置可实现半自动化冲压作业。这种冲床常用于板材的落料、冲孔、成形、拉深、修整、精冲、整形、铆接和挤压件生产等。

2.1.3 冲床操作装置

（1）压力机基本操作控制装置

压力机操作装置位置图如图 2-1 所示，有双手按钮开关、紧急停止开关、脚踏开关和离合开关。压力机电气控制装置位置图如图 2-2 所示，有电源、运转准备、主电机启动、停止极点、过载、油路故障、主电机停止等 7 盏信号灯，主电机运行按钮，控制电源，手足转换开关，工件计数，吹料，寸动、单次、连续转换开关，光电保护，过载保护，速度调节器。

（2）压力机基本装置

压力机基本装置有通用冲床、专用冲床、周边辅助设备等。

1）通用冲床　如图 2-3 所示。

2）专用冲床　高速冲床属于专用冲床的一种，如图 2-4 所示。

3）周边辅助设备　如图 2-5～图 2-14 所示。

图 2-1　压力机操作装置位置图

1—双手按钮开关；2—紧急停止开关；3—脚踏开关；4—离合开关

图 2-2　压力机电气控制装置位置图

1—电源灯；2—运转准备灯；3—主电机启动灯；4—停止极点灯；5—过载灯；
6—油路故障灯；7—主电机停止灯；8—主电机运行按钮；9—控制电源（断、通）；
10—手足转换开关（脚踏、双手）；11—工件计数；12—吹料；13—寸动、单次、连续转换开关；
14—光电保护；15—过载保护；16—速度调节器

（a）微型冲床

（b）传统冲床

（c）单轴冲床

图 2-3　通用冲床

图 2-4　高速冲床

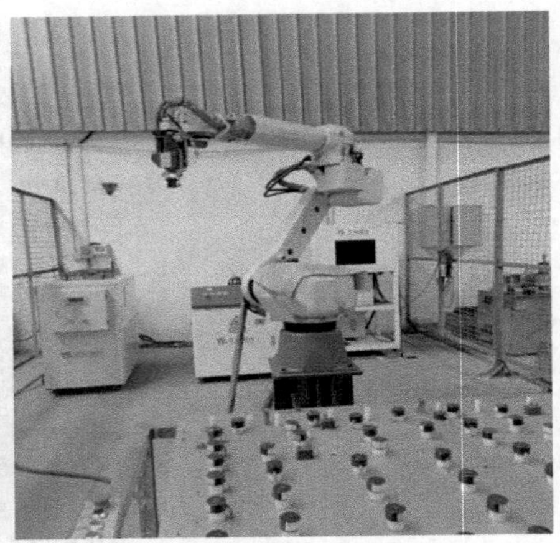

图 2-5　机器人

图 2-6　攻牙机

图 2-7　剪板机

图 2-8　板材自动送料机

图 2-9　卷材送料机

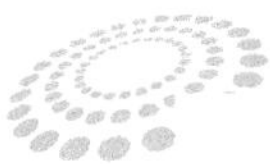

图 2-10 卷材自动送料机

图 2-11 自动攻牙机

图 2-12 点焊机

图 2-13 压铆机

图 2-14 折弯机

2.2 冲压模具

2.2.1 冲压模具分类

（1）根据工艺性质分类

分为冲裁模、弯曲模、拉深模、成形模和铆合模等。

1）冲裁模　沿封闭或敞开的轮廓线使材料产生分离的模具。如落料模、冲孔模、切断模、切口模、切边模、剖切模等。

2）弯曲模　使板料毛坯或其他坯料沿着直线（弯曲线）产生弯曲变形，从而获得一定角度和形状的工件的模具。

3）拉深模　把板料毛坯制成开口空心件，或使空心件进一步改变形状和尺寸的模具。

4）成形模　将毛坯或半成品工件按凸、凹模的形状直接复制成形，而材料本身仅产生局部塑性变形的模具。如胀形模、缩口模、扩口模、起伏成形模、翻边模、整形模等。

5）铆合模　借用外力使参与的零件按照一定的顺序和方式连接或搭接在一起，进而形成一个整体。

（2）根据工序组合程度分类

分为单工序模、复合模、级进模和传递模等。

1）单工序模　在压力机的一次行程中，只完成一道冲压工序的模具。

2）复合模　只有一个工位，在压力机的一次行程中，在同一工位上同时完成两道或两道以上冲压工序的模具。

3）级进模（也称连续模）　在毛坯的送进方向上，具有两个或更多的工位，在压力机的一次行程中，在不同的工位上逐次完成两道或两道以上冲压工序的模具。

4）传递模　综合了单工序模和级进模的特点，利用机械手传递系统，实现产品的模内快速传递，可以大大提高产品的生产效率，减低产品的生产成本，节俭材料成本，并且质量稳定可靠。

2.2.2 组成冲压模具的零件

组成冲压模具的零件根据功用分为两大类：工艺结构零件和辅助结构零件。

工艺结构零件：零件直接参与完成工艺过程并和毛坯直接发生作用。包括工作零件（凸模、凹模、凸凹模），定位零件（挡料销、导正销、定位销、侧刃），

压料、卸料及顶出料零件（卸料板、压边圈、顶料器等）。

辅助结构零件：零件不直接参与完成工艺过程，不和坯料直接发生关系，只对模具完成工艺过程起保证作用，或对模具的功能起完善的作用。包括导向零件（如导柱、导套、导板），固定零件（如上、下模板，模柄，凸、凹模固定板，垫板，限制器），紧固件及其他（销钉、螺钉），缓冲零件（如弹簧、橡皮）。

常用的冲压模具零件及术语如下：

1）上模　整副冲模的上半部，即安装于压力机滑块上的冲模部分。

2）上模座　上模最上面的板状零件，工作时紧贴压力机滑块，并通过模柄或直接与压力机滑块固定。

3）下模　整副冲模的下半部，即安装于压力机工作台面上的冲模部分。

4）下模座　下模底面的板状零件，工作时直接固定在压力机工作台面或垫板上。

5）导套　为上、下模座相对运动提供精密导向的管状零件，多数固定在上模座内，与固定在下模座的导柱配合使用。

6）导板　带有与凸模精密滑配内孔的板状零件，用于保证凸模与凹模的相互对准，并起卸料（件）作用。

7）导柱　为上、下模座相对运动提供精密导向的圆柱形零件，多数固定在下模座，与固定在上模座的导套配合使用。

8）导正销　伸入材料孔中导正其在凹模内位置的销形零件。

9）凸模　冲模中起直接形成冲件作用的凸形工作零件，即以外形为工作表面的零件。

10）凹模　冲模中起直接形成冲件作用的凹形工作零件，即以内形为工作表面的零件。

11）防护板　防止手指或异物进入冲模危险区域的板状零件。

12）压料板（圈）　冲模中用于压住冲压材料或工序件以控制材料流动的零件，在拉深模中，压料板多数称为压料圈。

13）压料筋　拉延模或拉深模中用以控制材料流动的筋状突起，压料筋可以是凹模或压料圈的局部结构，也可以是镶入凹模或压料圈中的单独零件。

14）顶杆　以向上动作直接或间接顶出工（序）件或序料的杆状零件。

15）顶板　在凹模或模块内活动的板状零件，以向上动作直接或间接顶出工（序）件或废料。

16）限位套　用于限制冲模最小闭合高度的管状零件，一般套于导柱外面。

17）限位柱　限制冲模最小闭合高度的柱形件。

18）定位销（板）　保证工序件在模具内有不变位置的零件，因其形状不同而称为定位销或定位板。

19）固定板　固定凸模的板状零件。

20）固定卸料板　固定在冲模上位置不动的卸料板。

21）固定挡料销（板）　在模具内固定不动的挡料销（板）。

22）卸件器　从凸模外表面卸脱工（序）件的非板状零件或装置。

23）卸料板　将材料或工（序）件从凸模上卸脱的固定式或活动式板形零件。卸料板有时与导料板做成一体，兼起导料作用，仍称卸料板。

24）卸料螺钉　固定在弹压卸料板上的螺钉，用于限制弹压卸料板的静止位置。

25）间隙　相互配合的凸模和凹模相应尺寸的差值或其间的空隙。

26）单面间隙　从中心至一侧的间隙或一侧的空隙。

图 2-15 所示是冲压模具的基本结构，图 2-16 所示是冲压传递模具。

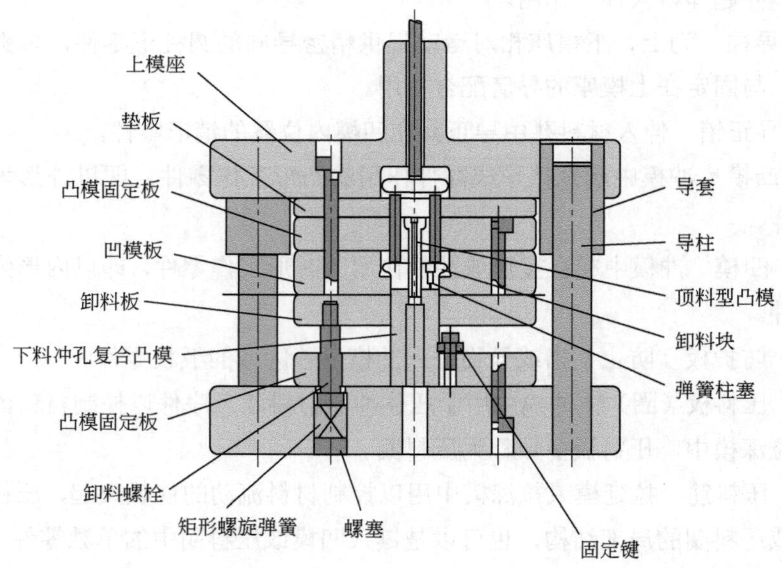

图 2-15　冲压模具的基本结构

图2-16　冲压传递模具

2.3　冲压设备安全操作规程

2.3.1　冲压机安全操作规程

冲压机安全操作规程包括冲压机操作前准备、冲压模具安装检查、冲压机工作操作和冲压机停机操作。

（1）冲压机操作前准备

1）工作前要认真检查脚踏和手按开关等是否灵活可靠。

2）仔细检查机床各部位操作机构、停止装置、离合器、制动器等是否正常，机械传动部分、电器部分要有可靠的防护装置，禁止在卸下防护罩的情况下开车或试车。

3）穿戴好劳动保护用品，集中精力投入生产。

（2）冲压模具安装检查

1）安装模板应仔细检查上下模的紧固情况，同时要注意检查冲程的调整是否合适。

2）安装模具应先固定上模，然后再装下模。有导柱的模具调节冲床行程时，不要使导柱脱开导套，调节行程后应将调节螺母拧紧。

3）模具要经检查，完好无裂纹方可使用，安装模具时应扳动皮带轮，使滑块下降。不准开动机床或利用机床惯性安装模具，以免发生顶床事故。使用的模具的高度必须在机床闭合高度之内，否则不能使用。

4）校正模具必须停车进行。模具安装牢固后，用手攀车试走一行程后，才能开车试件，试几个件后，应再紧固一次模具，以免因受震动使模具移位。

（3）冲压机工作操作

1）在用脚踏开关操作时，手与脚的动作要协调，续料或取件时，脚应离开脚踏开关。

2）在冲床运转时，注意力要集中，严禁将手和工具等物伸进危险区域内，小件一定要用专门工具（镊子或辅助工具）进行操作。

3）模下的废料或工件，应及时取出以免堆积过高而使机床顶死，模具卡住坯料时，只准用工具去解脱。

4）在工作时如发现制品上有毛刺或质量异常立即停车检查上报。

5）每冲完一个工件时，手或脚必须离开按钮或踏板，以防误操作。

6）如发现滑块自由落下或出现不规则的敲击声及异常噪声，必须立即停机检查上报。

7）使用冲床拉伸、压弯时应注意上、下模的间隙及坯料厚度，以免造成冲床卡死。

8）气动压力机应该经常检查气动管路，如有泄漏现象，必须立即检修，确认无误后，才能开机使用。

（4）冲压机停机操作

1）操作者离开冲压机时必须要关掉电机、切断电源。

2）每天下班前，在模具上要涂上润滑油，清理工作区域；擦净设备，做好设备点检记录。

2.3.2　曲柄压力机（160T、100T、63T）安全操作规程

（1）操作前的准备工作

同 2.3.1 节。

（2）模具的安装

1）根据工艺要求查找模具，确认模具与工艺相符。

2）模具必须用手动叉车进行转运，严禁人抬；确认模具的闭合高度，机床的闭合高度必须大于模具的闭合高度。

3）松开机床上滑块的紧固装置，进行调整。

4）确认模具的模柄是否与机床的模柄孔相符，如果不相符，必须增加衬套。

5）模具放入工作台后，模柄与模柄孔找正。此时操作必须两人，一人急速停关机床，另一人脚踩脚踏开关，进行调整。模具的上平面与机床上滑块贴合后，

首先对上模进行紧固（用扳手，要求紧死），然后下模预紧；通过手动向上调整上滑块的高度，然后开动机床，模具上下运动两次后紧固下模。

6）调整上滑块，使模具达到正常生产状态，锁紧上滑块的紧固装置。

（3）压力机生产操作过程

1）首件必须进行首检，确认合格后方可生产。

2）手进入模腔的零件必须使用电磁吸盘或镊子（车门拉手支架冲拉翻工序、翻边工序；左右外侧连接板成形工序、剖切工序；变速操纵孔挡板弯曲工序；加强筋成形工序等）。

3）手不进入模腔的零件可以采取手工操作（车门拉手支架落料工序；左右外侧连接板落料工序、预弯工序、翻边工序、冲孔工序；变速操作孔挡板落料工序；操纵保护罩支架落料工序、折弯工序；右后柱上内板冲孔工序；TB 前地板冲孔工序；FB 前地板冲孔工序；后围加强板冲孔工序；L 前门外板冲孔工序等）。

4）机床禁止调整到连续状态，在生产中脚禁止停留在脚踏开关上，每生产一次，脚踏一次。

5）零件摆放必须牢固，每次搬运零件的重量不得超过 5kg。

6）机床出现问题要停车，并将脚踏开关防误踏装置放入，立即反馈到车间。

（4）模具拆卸

1）生产完成后，必须将废料清理干净。

2）将机床电机关闭，等飞轮转速降低后，踩下脚踏开关，让上模缓慢下行到下极点。待机床停止后，先松上模。

3）开动机床，机床上滑块运动到上极点后，关闭机床。松开下模，用手动叉车将模具卸下，并放到指定位置，如果带衬套，需要将衬套从模柄孔中取出。

4）整理现场，并将脚踏开关防误踏装置放入。将零件转序或入库，清扫机床周围卫生。

2.3.3　双动薄板拉伸液压机安全操作规程

（1）操作前的准备工作

同 2.3.1 节。

（2）模具安装

1）根据工艺要求查找模具，确认模具与工艺相符，根据工艺要求布置顶杆位置。

2）模具采用行车吊装，吊装时要求人员将钢丝绳挂好后，起吊前必须远离所起吊的模具（2m 以外），指挥行车的人员必须确认安全后方可指挥行车起吊。在吊运过程中，指挥行车人员不能用手扶模具，严禁站在模具上随行车一起转运。行车指挥人员必须手势明确，并时刻注意吊运路线是否存在障碍。

3）模具根据工艺要求放置在机床下滑块上，开进后必须先采取手动方法缓慢顶出顶杆，确认模具位置是否正确，如果不正确，开出下滑块重新调整。正确后指挥行车吊运盖板放入。

4）缓慢落下上滑块，使上滑块底面与模具上表面贴合，上模对角紧固，下模预紧，上下运动 2 次以上，将上滑块运动到下极点，紧固下模。开模后停机，放置安全顶杆，擦拭模具，导向部分涂油。

5）根据工艺要求，调整压边力、拉伸力，调整上模开口高度不低于 280mm，慢下高度不低于 100mm。

（3）压力机生产操作过程

首件必须进行首检，确认合格后方可生产。

必须使用双手按钮进行操作。

操作位置（5 人）如图 2-17 所示。

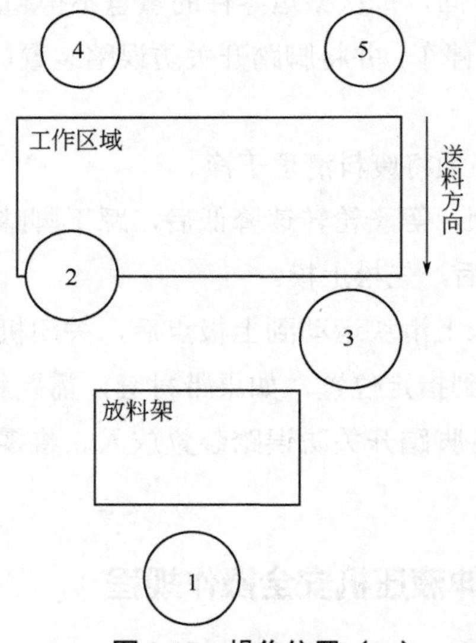

图 2-17　操作位置（一）

位置 1 职责：

a）工序质量控制的主要人员，负责检查每个零件的表面质量（坑包、划伤、拉裂等）。

b）负责模具的调整（拉伸力、压边力、模具的工作高度、主缸压力等）。

c）负责各种质量问题的反馈，合理安排班组人员生产，配合专检、巡检。

位置 2 和位置 3 职责：

a）取件时要求零件不能磕碰模腔和定位板，零件从模腔取出后要垂直于放料架放件，严禁倾斜放件，防止底下的零件出现划伤和光亮带。

b）零件放好后要立即用手套擦拭零件表面，仔细观察零件表面是否有坑包、划伤、拉裂等现象，发现有质量问题应立停止生产，问题处理完后的第一个零件要认真检查。

c）每次操作双手按钮必须同步。

d）擦拭模具时必须将安全顶杆放入。

位置 4 和位置 5 职责：

a）负责将板料擦拭干净，取板料时要将料抬起，防止将下一张料的表面划伤；

b）出现质量问题立即停机，必要时将机床上滑块提起擦拭模具型腔；

c）向模腔送料时，要将板料抬起，防止板料的底面被调整垫、压边圈及凸模划伤。

d）每次操作双手按钮必须同步。

e）擦拭模具时必须将安全顶杆放入。

用行车转运零件时，必须挂 4 根钢丝绳，禁止挂 2 根钢丝绳。

用叉车转运零件时，操作人员禁止站立在叉车的对面。

零件的摆放件数不超过 200 件。

（4）模具拆卸

模具拆卸前，将上滑块升起至最大高度，必须将机床停机，放入安全顶杆后，擦拭模具（先上后下），导向部分涂油。擦拭完成后，必须将安全顶杆撤回。

将上滑块运行到下极点，松开上模，将紧固装置从上滑块取下，放到固定位置。

用行车将盖板吊离，将下滑块开出，松开下模，将紧固装置从上滑块取下，放到固定位置。将指挥行车吊运模具到指定位置，将机床的上下工作台面擦拭干净。

2.3.4　闭式双点、四点压力机安全操作规程

（1）操作前的准备工作

同 2.3.1 节。

（2）模具安装

同 2.3.3 节。

(3) 压力机生产操作过程

首件必须进行首检，确认合格后方可生产。

必须使用双手按钮进行操作。

操作位置（5 人）如图 2-18 所示。

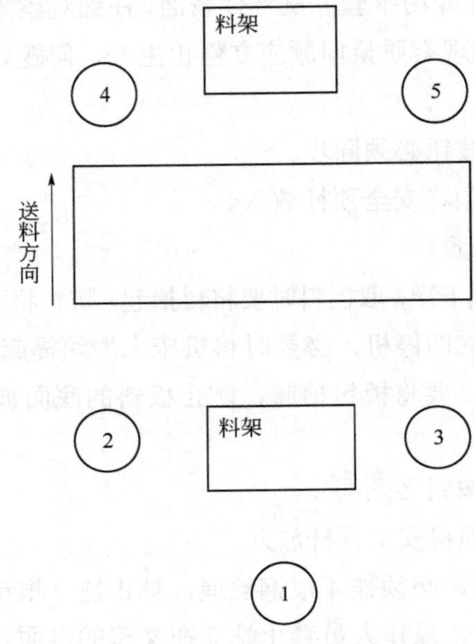

图 2-18 操作位置（二）

位置 1 职责：

a) 负责模具的安装调试，负责机床的工作按钮（零件放到位后操作按钮生产）。

b）负责各种质量问题的反馈，合理安排班组人员生产，配合专检、巡检；

c）负责控制取件人员的操作动作规范。

d）协助其他班组成员清理废料。

位置 2 和位置 3 职责：

a）负责将工序件擦拭干净，取件时要将件抬起，严禁拖件，防止将下一件的表面划伤。

b）负责送料一侧的废料清理工作，周边废料要求每件取出放入废料箱，废料盒中的废料每生产 200 件清理一次。

c）向模腔送件时，要观察模腔内是否有废料、杂物，防止硌伤。

d）每次操作双手按钮必须同步。

e）擦拭模具时必须将安全顶杆放入。

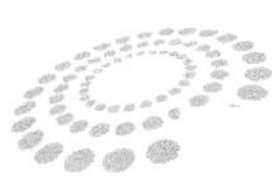

位置4和位置5职责：

a）取件时要求零件不能磕碰模腔和定位，零件从模腔取出后要垂直放料架放件，严禁倾斜放件，防止底下的零件出现划伤和光亮带。

b）零件放好后要立即用手套擦拭零件表面，仔细观察零件表面是压伤、硌伤、漏冲孔、毛刺是否过大现象，发现有质量问题应立即停止生产处理。处理完后的第一个零件要认真检查。

c）每次操作双手按钮必须同步。

d）擦拭模具时必须将安全顶杆放入。

用行车转运零件时，必须挂4根钢丝绳，禁止挂2根钢丝绳。

用叉车转运零件时，操作人员禁止站立在叉车的对面。

零件的摞放高度不准超过200件。

（4）模具拆卸

模具拆卸前，将上滑块升起至最大高度，必须将机床停机，擦拭模具（先上后下），导向部分涂油。

将上滑块运行到下极点，松开上模，将紧固装置从上滑块取下，放到固定位置。

有盖板的机床用行车将盖板吊离，将下滑块开出，松开下模，将紧固装置从上滑块取下，放到固定位置。将指挥行车吊运模具到指定位置。

无盖板的机床，指挥叉车将模具从机床上卸下，要求必须在模具的一侧增加防滑装置，垫放的垫木要求垫放牢固，叉车将模具卸下后，指挥行车吊运模具到指定位置。将机床的上下工作台面擦拭干净。

2.3.5　剪板机安全操作规程

（1）操作前的准备工作

同2.3.1节。

（2）钢卷的安装

1）根据工艺要求查找钢卷，确认钢卷的宽度和材质与工艺相符。

2）吊装钢卷必须戴安全帽。

3）钢卷在开包时，人员禁止站在钢卷的两侧，防止钢带弹出伤人。

4）用行车吊装料辊安装时，不能用力过猛，防止料辊伤脚。

5）将包装物放到指定位置。

6）检查卷料的表面质量（锈蚀、划伤、橘皮、夹层），发现问题立即上报。

7）用行车上卷时，禁止用手调整卷料的方向，而是应采用行车来进行调整。

8）上好卷后，调整人员将料辊的圆心调整到与卷料的圆心一致。

9）开卷时，禁止人员站在卷料的两侧，防止卷料开卷伤人。

（3）钢卷下料操作过程

1）摇动料辊的人员必须坚守岗位，禁止在生产过程中脱岗，摇辊人员要控制开卷的速度与拖料人员的节拍一致。

2）拖料人员必须佩戴两副手套，拿料要拿紧，防止滑动伤手。

3）拖料人员第一次送料不超过600mm，防止划伤。接料人员必须将料托平，到限位后方可裁剪，材料码放整齐。

4）下料必须在底部垫包装皮（无油漆面），下料首检，确认材料无划伤后方可继续生产。生产到第5件时要检查确认材料状态，无划伤后继续生产，以后每50件左右检查一次。

5）接料人员在托料时，禁止将手放在材料的端头。

6）下好的料用叉车周转摆放时，叉的宽度要适合，避免材料出现擦伤；禁止人员站在叉车的对面；摆放时必须垫包装皮和垫木。

2.4 冲压生产安全管理知识

冲压生产安全管理是消除生产过程中的不安全因素，防止发生工伤事故，避免事故损失，对生产设施、设备、工具以及操作等方面所采取技术措施的总称。

2.4.1 安全技术教育

1）安全技术管理人员、设备和模具维修人员、工艺人员都应进行全面、定期的安全技术学习，不断掌握新的安全技术和安全技能。

2）每个新进厂和调岗的冲压工人，要接受安全技术教育，获得了合格证书和设备操作证书后，才允许担任冲压设备操作工作。

3）冲压工人只允许在指定的冲压设备上工作。

4）设备维修、模具调整和安装工人，要进行全面的安全技术学习。

5）冲压工人要定期接受安全技术教育。

2.4.2 冲压作业安全操作管理制度

冲压作业安全操作管理制度的建立，对确保冲压作业安全、防范事故具有重要意义。

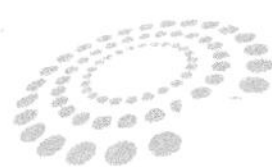

（1）建立冲压作业安全管理制度

1）安全技术操作规程。

2）交接班制度。

3）岗位责任制。

4）设备、模具、安全装置的维修保养制度。

5）设备、模具、安全装置的定期检验检修制度。

6）设备和人身事故的记录和报告制度等。

（2）加强现场安全技术管理

1）各车间或工段要设立安全员，安全员负责冲压安全技术的检查和监督，并配合各级领导提出有利于安全技术的新方案。

2）逐套模具检查，以操作者在上下料过程中不进入模具空间为限，将模具分为安全模具和不安全模具，并加不同的标志。

3）不安全的模具，在使用时必须装设合适的、可靠的安全装置，其内容编入工艺卡。

4）使用安全装置的工序，其产量定额要按实际情况制定，以确保使用和安全。

5）工艺卡中应填写所使用模具的安全特性及防止人身事故的具体措施等内容。

6）交接班的内容，除了一般生产上需要的项目外，还应包括下列内容：设备运转情况；模具情况；安全装置使用情况；需要注意的问题。

7）冲压设备一般情况下只允许单次行程操作。

（3）安全技术操作规程　安全技术操作规程是保障安全生产必不可少的条件之一，即便是有了机械化、自动化送料装置，或有了安全装置作为保护，也一定要遵守安全技术操作规程。安全装置也有失灵的可能性，机械化自动化送料装置只能代替手工送料，而不能防止操作者或其他人员意外地进入模具空间而发生人身事故。

（4）冲压作业安全禁令

1）严禁非冲压工擅自操作冲压机床。

2）严禁手及身体其他部分进入模区。

3）启用光电安全装置，严禁使用连续挡。

4）安全防护装置不完好时，必须停止作业。

5）严禁违章不使用安全辅助工具。

6）脚踏电气开关必须配置防护罩。

7）液压压力机严禁违章使用电气联动。

8）遇到有故障必须停机（断电）排除。

第 3 章 冲压工操作技能

3.1 冲压设备操作工操作技能

3.1.1 安全操作流程和要求

（1）冲压作业安全操作流程

冲压作业安全操作流程主要有：冲孔、折弯、成形、铆合、清理废料、润滑、模具安装调整、拆卸模具等一系列工艺操作。这些操作互相衔接、前后连贯，对生产效率、产品品质以及设备、模具寿命和个人安全影响很大。

1）在操作前需要穿戴好工作服、工作帽、工作鞋、手套等防护用品。

2）在开机前检查设备主要紧固件有无松动，各传动连接润滑部位是否正常。

3）检查模具是否有裂纹，支撑连杆是否有松动或者松脱。

4）检查防护装置是否处于良好状态。

5）调整使模具处于良好的照明状态。

6）检查润滑系统是否堵塞、缺油。

7）检查坯料和半成品的排放情况，要保持整齐，数目明确。

8）要明确生产任务，熟悉产品尺寸，保质保量完成当日任务。

9）检查离合器和刹车带是否正常。

10）检查配电箱和急停按钮是否正常。

11）做好设备日常保养和维护。

（2）冲压工操作安全要求

1）开机前，根据生产任务单，正确选用模具，检查模具刃口、冲头、模具退磁处理和基本中心孔定位情况。

2）模具的安装及调整：将上下模具分别固定在模柄和固定板上，注意底板上的漏孔流出废料情况。

3）操作完成后，关闭主电机，切断电源；清扫作业场地，将坯料和加工制件码好，堆放时防止伤人；擦净保养设备和模具，进行模具涂油处理。

3.1.2　冲压设备调整方法

1）机床飞轮一经启动，操作工身体任何部位不得接触模区，防止发生意外伤人事故。

2）冲压工在整体冲压采取单次行程，即将料送入后，双手同时按下离合器操纵杆踏板按键，实现一次冲压，手必须离开按键，冲床设定打到切，不得有连车现象；冲孔折弯都采取同样的操作方法。

3）冲齿采取连续行程，如有异常情况马上松开操作按键，按下急停；对模内产生的废料可在完成一次操作后清除；在滑块回程时清除仍有危险性，若需进入冲床必须急停。

4）设备在运转过程中，禁止进行擦拭和其他清洁工作。

5）维修模具下模后，重装下模时，上模板导柱与机床台面之间的距离需要调整，可把下模放于机床台面之上，用滑块行程缓慢下降，使导柱正确进入下模导套之后再进行调模。

6）模具放于机台台面时，若高度不够，可用垫铁加高，应该注意的是所使用垫铁的高度适当；模具架好后，需检查光电保护，将光电调到合适的位置。

7）必须停机、停止操作的情况如下：单次行程发生连冲；坯料卡死模内；设备在运转中发生异常敲击声；突然停电或离开岗位。

8）操作完成后，应该完成的事项：关闭主电机，切断电源，等待设备完全停止运转；清扫作业场地，将坯料和加工好的制件按规定堆码好，堆放时要少拿轻放，防止材料弹起伤人或压伤手指。

9）擦净保养设备和模具，并为模具涂油，将拆下后的模具在指定位置放好，填写当日的工作日志。

3.1.3　冲压设备操作工岗位职责

（1）冲压操作工岗位职责要求

1）经培训合格，熟悉所操作机床的周边设备、各种安全保护装置的工作原理、性能、结构、润滑部件，爱护设备及附件，做到会使用、会保养、会检查、会发现常见故障，保证设备处于良好工作状态。

2）认真消化图纸、工艺资料等技术文件，严格执行工艺纪律和检验制度，确保产品质量。

3）合理使用，妥善保管并维护好工具、量具、夹具、模具等。

4）严禁擅自拆卸、调整模具和调整各工艺参数；严禁操作人员未经调整工同意擅自改变设备操作方式；严禁操作人员擅自拆卸、调整和关闭运行的各类安全保护装置。

5）严格遵守安全操作规程，掌握安全生产知识，遵守各项安全生产制度，爱护和正确使用各种安全防护装置，确保安全生产，发生人身、设备、模具事故要及时报告，不得擅自处理。

6）认真做好交接班工作，接班人员提前15分钟到达工作岗位，认真进行交接，严格执行“七交制”。

交任务：毛坯、半成品、成品数量等。

交质量：工序质量要求，保证质量措施和当班质量正常。

交资料：交接班记录、图纸、工艺资料等。

交设备：设备运转及保养情况。

交工具：各种工、量、模具数量和完好情况。

交安全生产：各种安全装置和安全工具完好，保持工作场地整洁卫生。

交生产准备：为下一班准备好所需的材料、毛坯、工具、模具等。

7）做好生产前的准备工作，准备好生产用安全工具和个人防护用品。

8）检查材料牌号、规格、批次、质量。

9）检查机床运转是否正常，按冲床维护保养规则加润滑油。

10）检查模具装夹是否可靠，模具状态是否良好。

11）单次行程、联机试冲、首检合格后批量生产。

12）弄清本工序的加工内容，生产中随时自检。

13）生产中按“模具维护保养规则”保养和维护模具，按“冲床操作规程”操作。

14）认真填写好各项原始记录，做到及时、准确、全面、字迹清楚。

15）生产前做好对设备、模具点检部位的检查，发现问题及时报告有关人员。

16）遵守安全文明生产、定置管理规定，随时保持生产现场的文明整洁。

17）严格执行工艺纪律，严格自控产品生产过程质量和产品合格率，严格按照检验程序进行首件、尾件送检，严格按规范进行产品标识、包装、转运。对产品批量生产报废负责。

18）确保当班生产区域内的物料摆放整齐、清洁卫生。

（2）冲压操作工岗位职责工作量化

如表 3-1 所示，冲压操作工岗位职责工作量化按照每班一次进行。

表 3-1　工作量化表

序号	工作内容	工作次数	备注
1	每班提前 15 分钟到达，完成交接班工作，参加班前会	1 次/班	
2	检查设备、设施有无跑、冒、滴、漏现象，排除油气分离器内废水废气；认真检查设备安全装置（光电保护开关、脚踏开关、手动开关）；确定生产材料、包装及一切生产辅助工具	1 次/班	
3	生产过程中严格按工艺规程操作，在规定时间内保养工装、自检零件、整齐摆放，保证零件质量及数量。确保模具安全、设备安全、人身安全	1 次/班	
4	清洁工装，保养设备，打扫卫生，填写设备点检卡，完成交接班工作，做好交接记录	1 次/班	

（3）冲压操作工岗位职责通用具体规定

1）压力机操作工、冲模安装调整工以及压力机的维修人员，在进入车间工作前 4 小时内不得酗酒。工厂发现有醉酒者，不得让其进入车间，或令其停止工作并离开车间。

2）生产工人和辅助工人工作前应按规定穿戴好工作服、工作鞋和工作帽。女工的发辫不应露在工作帽外。

3）不得穿凉鞋、拖鞋进入车间。工作时不得穿高跟鞋。

4）设备运转时，操作者不许与他人直接或间接闲谈。

5）剪切工、冲压工和其他有关工人，工作时必须戴好防护手套。

6）一台设备有多人操作时，必须使用多人操作按钮进行工作。

7）工作前应仔细检查工位是否布置妥当、工作区域有无异物、设备和机具的状况等，在确认无误后方可工作或启动设备。

8）严禁手或手臂伸入模内放置或取出工件。在冲模内取放工件必须使用手用工具。

9）工作前应将设备空运转 1～3 分钟。严禁操纵有故障的设备。

10）冲模安装调整、设备检修，以及需要停机排除各种故障时，都必须在设备启动开关旁挂警告的标志，色调、字体必须醒目，必要时应有人监护开关。

3.1.4 冲压设备操作工安全操作规程

（1）工作前的要求

1）扣好袖口，女工要戴好工作帽。

2）仔细查看交接班记录。

3）坐着操作的工人，要按自己的高度调整座椅，且检查座椅是否良好。

4）检查活动式照明（以照射模具为主）并调整好。

5）设备上的一切防护罩要牢固放妥，并校正。

6）注意使离合器在工作的分离状态，在接通主电机时，不允许任何人和操作者靠近冲模，以防范设备可能发生的偶然冲击。

7）坯料放至适当的位置，坯料码垛高度要适当，其最高高度不得超过下模平面的高度，以防坯料下滑。

8）在适当的位置设置成品箱和下脚料箱，便于工作。

9）向车间领取有关所制零件的工艺卡，工艺卡中除了包括生产所需要的项目外，还必须包括保证安全操作的具体项目。

10）会同安全员一起，检查设备的运行是否正常。在使用单次行程操作时，设备应在一次冲压后即分离，而滑块必须停在上极点位置。如果设备有连冲现象，则在未经调整前不可工作。

11）如需使用手用工具操作，要检查手用工具是否完好。

12）如果使用光线式安全装置或感应式安全装置，除了根据使用说明书的要求安装、调整、检查外，还要重点检查下列项目：每道光束的遮光检查或破坏感应幕的检查，此项检查在每次启动主电动机后都要进行；回程期间，遮光时或破坏感应幕时不停机功能的检查；遮光或破坏感应幕停机后的自保功能检查；安全距离的检查，此项检查在每次更换模具后都要进行，且按需要调整好。

13）如果发现设备或安全装置不正常时，立即报告安全员，不可擅自修理，待设备或安全装置修复后才可工作。

（2）工作时的要求

1）发生下列情况时，要停止工作并报告：听到设备有不正常的敲击声；在单次行程操作时，发现有连冲；坯料卡死在冲模上，或发现废品；照明熄灭；安全装置不正常等。

2）坯料放在冲模中后，才可把脚放在脚踏板上。

3）每冲完一个冲压件后，手或脚必须离开按钮或踏板，以防误动作。

4）两个人以上操作时，应每个操作者都同时按下启动按钮时，才能启动滑块。

5）按照工艺卡的要求，随时用适当的用具加油到导板或冲模或坯料上。

6）保持工作场地的整洁。操作者站立等部位要采取严格的防滑措施。

7）在下列情况下，要停机并把脚踏板移到空挡处或锁住：暂时离开；发现不正常；由于停电而电动机停止运转。

8）不要放一个以上的坯料在冲模上，否则会使设备或模具损坏，并有发生人身事故的可能。

9）设备运转时，不可进行清洁擦拭。

（3）工作完毕后的要求

1）关闭主电动机，直到设备全部停止。

2）带有安全支柱的设备，待设备完全停止后，将安全支柱支在滑块与工作台之间，防止滑块下滑。

3）清理工作场地，收集所有坯料、冲压件。

4）擦净设备的模具，并在模具上涂油。

5）填写交替班记录。

6）将脚踏板移至空挡或锁住，并放在规定位置。

3.2　冲压模架工操作技能

3.2.1　冲压调试作业规程

（1）模具安装前的准备工作

熟悉设备操作规程、冲压及产品工艺过程卡、作业指导书内容，明确所要完成的工序要求。

（2）安装调整前的检查

1）检查工作环境：工作位置是否整洁，所用的工具是否齐全、可靠。

2）检查设备：启动压力机，待主机运转正常后使滑块作数次单冲和连冲，如果单冲时有连冲现象或连冲时有不正常声响，应及时找到维修人员排除，不允许压力机带故障工作。

3）检查材料：检查所冲板料是否在规定的范围之内，其条料（卷料）宽窄、长短及重量是否符合工艺规定要求，表面是否干净无杂物。

（3）安装调整前的准备

1）安装模具之前，应先把设备工作台面，滑块底面，模具上、下底面擦拭干净。

2）注意工作台表面是否凸凹不平，如不平用油石进行修整。

3）修整工作台及垫铁不平表面。

3.2.2 冲压模架工安全操作与岗位职责

（1）冲压模具的正确调整方法

模架工在操作时，需把安全放在首位，提高自身安全意识，按正规流程进行操作，确保生产顺利进行。

1）关闭电动机，小的冲床由人工搬动飞轮，大的冲床电动或使飞轮滑动，脚踩踏板使离合器缓慢下滑，接近冲模下止点时再调小闭合高度，使滑块压合冲模；注意调节打料装置及打料杆的长度，防止撞坏设备。

2）安装模具时根据受力、重量和平面尺寸等，选择和布置紧固压板和螺钉，压板应有足够的刚度，垫块要与模具压卡部位等高，压卡面积要足够大；上下模具间隙调整好后，压紧上下模，不能有松动，防止出现模具压卡不牢的安全隐患；注意滑块及导轨的间隙。

3）整体冲压模具在开启后应擦拭表面，检查工件有无损伤，对工作部位以及相对运动的部位要加够润滑油。

4）空载状态下启动滑块需检查模具导线及其他部位的配合状况；试冲时应逐渐调小封闭高度，检查冲切的质量，防止冲压过程中模具与零件相碰，防止机床过载。

5）模架工调试好的产品需经自检合格后由品检确认签样，签样合格后通知组长，以便合理安排生产；新模在试产时，模架工调模前要对新模具进行检查，如发现模具存在安全隐患，应及时汇报给班组长，再由班组长通知相关部门解决。

6）带有字码、压线的模具不能空打，拆卸时模具腔内必须放有产品或薄铁片；架模拧紧螺母时，先锁上模，然后将上模用机器开起，寸动下压合模后再锁紧下模。

7）模具架好后，需检查光电保护，将光电调到合适的位置。

8）根据产品的工艺要求调整好定位，做好标记。中心孔配合、前角角度、直径尺寸达到工艺要求方可生产。

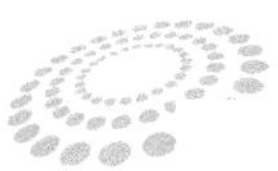

9）调试完成后将工具收回工具箱放好，清理机台，场地。

（2）冲压模架工岗位职责

1）掌握设备安全操作规程、安全生产操作卡、重要危险源的应急措施及“三懂、四会（懂操作规程、懂设备性能、懂设备原理，会操作、会保养、会修理、会判断和处理事故）”的具体内容，做到“三不伤害（不伤害自己、不伤害他人，不被别人伤害）”，并严格遵守执行。

2）遵守相关规章制度，不违章作业、拒绝违章指挥行为，制止他人的违章行为。

3）全面了解设备、模具的结构、性能和工作原理，掌握调整方法，提高处理问题和排除故障的能力。

4）负责模具及其周边装置的日常维护保养和正确使用工作，制定模具保养计划，定期对模具进行保养和检查。

5）监督、指导操作工按操作规程和相关规定对模具进行保养和使用，并对结果负责。

6）解决生产过程中出现的故障，保障生产任务顺利完成。

7）了解生产计划，负责按照生产计划及时调试产品（包含新品、切换产品的调试等），对调试产品的质量负责（包含首件和批量生产），必须符合图纸、技术要求、工艺规程和检验标准等。

8）认真做好巡线工作，跟踪模具使用和生产情况，及时发现问题，及时进行解决，并指导操作工进行批量生产。

9）在调试和维护保养过程中对员工的安全负责，对设备、模具和装置的质量负责。

10）及时、如实地汇报维修保养情况，并做好模具维护保养情况和备件消耗的原始记录。

11）严格执行备件领用和保管制度，对模具备件领用和归还的数量和完好度负责，正确妥善地保养和保管模具备件。

12）积极进行技术改造革新，提高模具和装置的使用寿命，提高产品质量，降低因模具和装置的原因造成的废损。

13）严格遵守“6S（整理、整顿、清扫、清洁、素养、安全）”管理要求，保持现场的清洁卫生，工装、夹具归类、合理放置。

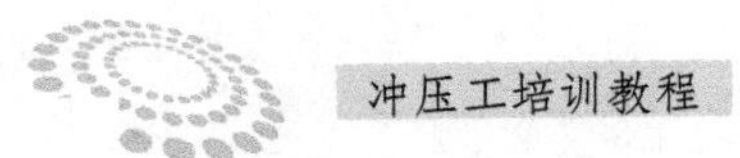

3.3 冲压模具调整工和安装工操作技能

3.3.1 冲压模具调整工和安装工安全技术规程

（1）一般要求

1）模具调整和安装工人要学习冲压安全技术，了解各种形式冲压设备的结构、操作、调整等。

2）要熟悉各种安全装置的原理、作用和使用方法。

3）要熟悉模具的结构特性和安装、调整以及冲压操作方法。

（2）安装前的要求

1）检查模具是否完整，在模具上是否已有必要的装置。

2）检查安装模具的工具是否齐备。

3）检查冲压设备是否处于分离位置。

4）检查模具的起吊装置是否完好。

5）检查设备上固定模具部位的照明是否充足。

6）检查设备安全防护设施是否可靠。

7）带有安全支柱的设备，要将安全支柱放在工作台与滑块之间。

（3）安装时的要求

1）要求模具适当地升起，以便于移到设备的工作台面上。

2）用戴手套的手把模具移到设备的台面上。

3）不允许用吊车将模具吊进工作台面。

4）模具校准后，将设备的滑块移至下极点，并调整好封闭高度。

5）装紧上模和下模，只能用木槌敲击锻钢或铸铁件，要求导柱末端不得外露。

（4）安装后的要求

1）取走设备工作台面上的一切工具，并清除台面上的其他杂物。

2）检查模具是否校正，并检查设备及模具上的所有安全防护设施是否完备，以及设备和模具上是否涂油。

3）调整好局部照明，以便工作。

4）如果需要将床身倾斜，应按规定进行，要稳妥可靠地调整和固定可倾床身的位置，并注意安全。

5）监督工作地的布置是否合理，检查成品箱、下脚料箱和坯料架等的安放位置是否合理。

6）指导本工序的冲压工人，并讲明在安全技术方面应注意的问题。

7）要空车试模几次，正常后进行试冲，并检查冲压件的质量是否符合图纸的要求。

（5）冲压时的要求

应经常监督冲压工人按规定操作，并检查冲压件是否合格。

（6）模具用后的要求

1）冲压工人清理好工作台和模具之后，卸下模具。

2）将模具涂油，并完整地运往模具库。

3.3.2　冲压模具调整工和安装工作业要求

安装调整作业涉及冲压操作工、冲压模架工、模具维修工、模具调试工等，具体要求如下：

1）用“寸动按钮”将滑块下降至下极点。

2）查看设备的装模高度。

3）查看模具的合模高度。

4）把冲床的装模高度调至高出模具的合模高度（如加垫板，则加上垫板高度），开式压床高出 25～30mm，闭式压床高出 75～100mm；如果冲床的装模高度低于模具的合模高度或模具高度加垫板厚度之和，则模具安装调试时容易将模具损坏。

5）冲模需用压料或下顶出装置的，应检查压力机上相应的装置，如拉伸垫、压边缸等工作是否正常。使用气垫时确认气垫顶杆是否变形，放置位置是否适宜，长度是否适宜：按工序卡要求选用并放置托杆，快速定位杆。

6）冲模需用打料装置的，应检查压力机上的打料装置，并将其调整到上限位置，以免调整压力机闭合高度时折弯。按冲压工序卡要求选用并放置打料杆。

7）模具放置在冲床的工作台上。

a）滑块提升至上极点，放置模具。

b）设备工作台不能移出的：模具放置在安装架上，大中型模具由天车通过地滑轮将其拉动进入工作台；中小型模具，直接推入工作台。

c）设备工作台可开出的：模具直接安置在工作台上。

d）开式机床：模具直接调至工作台。

e）确认模具的安装方向、结构、状态等。

8）安装模具。

a）模具安装在工作台中心，并调整位置、方向。模具偏心安装或联合安装：应按工序卡位置要求摆放。

b）确认压板槽位置。

c）确认模具的落料孔位置，以防被压板堵住。并避免压板之间跨距过大，造成模具变形。

9）粗调闭合高度。

a）大中型压力机：使用“寸动”行程操作或“微动”行程操作。将滑块降至下极点；使之靠上上模表面，固定上模。

b）开式机床：利用飞轮的惯性，慢慢下降滑块，将模柄装入滑块的模柄孔中，或用手动或撬杆扳动飞轮，使滑块慢慢下降；当滑块模柄孔大于冲模模柄直径时，用于调整模柄直径，以便固紧模柄。使用单开口衬套时，衬套开口应正对滑块；使用对开衬套时，两半各正对滑块和活动夹块；拧紧模柄固定螺栓。

c）应注意确认模具固定螺栓、螺帽及压板有无损坏现象。选用垫块高度应与模具压板台高度一致。

d）模具压板槽以模具中心对称布置，模具长度大于 2000mm，上底板安装压板不少于 8 个，下底板不少于 6 个；模具长度 1000～2000mm，上底板安装板不少于 6 个，下底板不少于 4 个。

10）确认模具内部状态。

a）清扫模具模腔内部。

b）检查模具各部件。检查模具各部分有无损坏、磨损、安装错误等异常现象。

c）导柱、导套及其他滑动部注油。

11）固定下模。

a）先用手拧上下模固定螺栓，将滑块运行 2～3 行程，如无颤动、异常声响等异常现象，则由轻到重，交互拧紧其固定螺栓。

b）模具的固定螺栓尽量安装在靠近模具侧。紧固螺栓拧入螺孔中的长度应大于螺栓直径的 1.5～2 倍。

c）模具固定部位下面不能悬空。

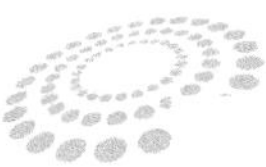

d）注意导向部位有无异常声响。

12）精调冲床闭合高度。

a）将停放限位器取下，放置在模具附近的工作台面上。

b）在工作限位上放上纸片，查看模具的合模程度。或根据零件状态（如到底标识、棱线清晰等）调整闭合高度。

c）冲裁模的合模深度以凸模进入凹模1～2mm为宜。

d）调试压弯模、拉深模时注意观察工件表面的压痕、拉痕以及角度、深度、形状的变化。

e）注意确认有无间隙不均、啃模等异常现象。

f）必须在设备滑块的下极点进行操作。

g）如有刻印、防弹凸台、弯曲，拉深模具必须放件进行调试。

13）调整打杆限位、托杆长度等。

a）调整打杆限位，并紧固限位螺钉。

b）调整托杆长度、气垫压力等。

c）检查顶杆、顶料板、顶料销、顶出器是否变形卡住。

14）调整其他加工条件。

a）确认冲压用油及其装置。

b）确认送料中心及高度是否适宜。

c）确认气垫压力是否适宜。

15）试模。

a）确认冲压用油及其装置。

b）确认送料间隙、压力、释放时间、送料中心及高度是否适宜。

c）确认气垫压力是否适宜。

d）确认冲压行程速度是否适宜。模具调整工将有关作业要领、注意事项告诉操作者。

e）调模作业应注意确认周边状态慎重进行。

f）调模后做好相关联络工作。将自检合格的试模品提交检验。

g）调试完后需经班长或相关责任者确认；相关责任者给予必要的指导。

16）准备量产。

a）试模结束后整理工具及器具。

b）清理试模品。

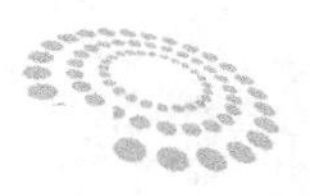

c）正常作业时，冲床及送料机上禁止散放工具。将作业台上的试模品清理干净。

d）大型制件可用局部试冲的方法调整。模具局部试冲后，取出试模件。换料生产前，应空车检查模具的完好情况。

e）试冲调整送取料应遵守冲压工安全操作规程，使用必要的安全手工具和其他安全装置。

f）调整试冲零件时应保证其定位准确性，不允许一个零件多次冲压，以避免制件叠压挤崩冲模造成事故，尤其是变形量较大的冲制件。

g）调模作业应注意确认周边状态慎重进行。

h）将自检合格的试模品提交检验。

17）调整工将有关冲压操作注意事项告诉冲压作业人员。

18）拆卸模具。

a）清理模具内部废料等杂物。

b）检查模具技术状态。

c）模具动作部位涂油，对长期不使用的模具刃口部位涂防锈油。

d）尤其对大型模具在拆卸之前认真加以清理。为下次生产做准备，检查有无维修之处；如有异常现象立即报告班长。末件交检查员鉴定。

e）拉深模具内保留末件制品。

19）调整设备闭合高度。

设备闭合高度大于模具工作闭合高度与停放限位高度之和 1～10mm；安放停放限位器。

20）滑块调整。

把滑块下降至下极点，必须用“寸动按钮”将滑块降至下极点。

21）固定螺栓。

松开模具上、下模固定螺栓。 注意完全松开其固定螺栓，防止冲床滑块带起模具，发生事故。

22）提升滑块。

提升滑块用“寸动”操作，将滑块慢慢提升至上极点。防止模柄固定螺栓没有完全松开时，突然提升滑块，带起上模。

23）存放。

使用搬运工具起吊模具至规定的位置。

3.4　剪切工安全技术规程

（1）工作前的要求

1）仔细查看交接班记录。

2）检查和校正挡尺的位置。

3）检查工作地照明，特别要查看剪切线的照度是否足够。

4）检查防护挡板、齿轮、轴和带的护罩是否齐全和完好。

5）检查剪板机是否校正，剪刀和压板的位置是否正确。

6）要把设备上的一切防护罩放妥，并校正。

7）仔细检查和校正刀及压板的位置。

8）注意使离合器在工作的分离位置，只有在确认后才可接通设备的主电动机。

9）向车间领取所制零件的工艺卡，工艺卡中除包括生产所需要的项目外，还必须包括保证安全操作的具体措施项目。

10）如果发现设备或安全装置不正常，应立即报告，不可擅自修理，待设备或安全装置修复后才可工作。

（2）工作时的要求

1）防护挡板位置要正确。

2）与辅助工的工作应协调。

3）集中精力，认真操作。

4）发生下列情况时，要停止工作并报告：剪切机突然发生连剪现象时；发现剪切机工作不正常时；安全装置不正常时。

5）要把设备上的一切防护罩放妥，并校正。

6）仔细检查和校正剪刀及压板的位置。

7）注意使离合器在工作的分离位置，只有在确定这种情况后才可接通设备的主电动机。

8）根据剪板的厚度，调整好刀片间隙。

9）向车间领取有关所制零件的工艺卡，工艺卡中除了包括生产所需要的项目外，还必须包括保证安全操作的具体措施如下：

a）剪切一次后，脚必须离开启动踏板，以防误动作。

b）两人以上操作时，应配合一致。

c）不要用手取出卡在剪刀的剪切件，要用铲子取出。

d）不可用钝口剪刀工作，及时检查剪切件的裁边。

e）保持工作地的整洁，及时把裁片放在适当的位置。

f）在下列情况下，要停机并把启动踏板移到空挡处或锁住：暂时离开；发现不正常；由于停电而电机停止运转。

g）设备运转时，不可进行清洁工作。

（3）工作完毕的要求

1）关闭主电机，直到设备全部停止。

2）收拾工作场所，收集所有的剪切件、裁片，并放在规定的位置。

3）擦净设备和刀片，并涂油。

4）填写交接班记录。

5）将启动踏板放在空挡处或锁住。

3.5 冲压加工事故预防

在每分钟生产数十、数百件冲压件的情况下，在短暂时间内完成送料、冲压、出件、排废料等工序，冲压安全生产是一个非常重要的问题。

3.5.1 冲压事故发生的原因

（1）冲压作业事故统计分析

冲压事故发生的原因主要有操作人员、生产环境和设备故障等。在送料、取件过程中，因操作者的手、臂、头等伸进模具危险区而发生的事故约占40%；因毛坯定位不当，而在校正毛坯的定位位置时发生的事故约占20%；因协同操作和模具安装、调整操作方法不当等而发生的事故约占20%；因清除模面上的下脚料、残渣、料尾和其他异物时不慎而发生的事故约占15%；因机械故障而发生的事故约占5%。

（2）冲压加工中存在的安全隐患

机械设备不安全和人为错误是发生压力机伤害事故的主要原因。伤害事故发生的位置虽然遍布整个机械，但主要还是发生在工作点（模具区域）附近，如上模与下模之间、导柱与导套之间、运动与固定部分之间等。

1）压力机没有通用性较强的安全装置。

对于各类压力机的不同运行方式，采用通用的安全装置是不实际的，也不可能用切换开关对各种安全装置进行切换。只能针对压力机的不同运行方式和加工种类，配备适当的安全装置。

2）压力机的操作方式本身具有危险性。

压力加工过程中，大部分是操作人员用手直接向模具内送进或取出材料，即手要进入模具进行操作。这种操作方法本身是极端危险的，发生的伤害事故几乎占全部伤害事故的 85%以上。

3）设备本质安全性差。

无安全技术措施或安全技术措施不完善容易导致冲压安全事故，例如压力结构不合理，模具因结构原因而倾斜、破碎；因模具造成下脚料飞溅；工件或下脚料回升而没有预防的结构措施；因模具原因手指需进入危险区；单个毛坯在模具上定位不准而需要用手去校正位置等，在上述环节或状态下有可能发生冲压伤害事故。

4）加工准备阶段的安全防护措施缺乏。

在压力加工的生产准备中，尤其是进行模具安装、拆卸和调整时，经常需要把身体的一部分伸进上模与下模之间，若上模滑脱或滑块意外启动，就会把身体的一部分夹住而造成伤害事故。

5）安全装置失效。

使用安全装置后，忽视了安全装置的维护、检修和管理。安全装置已失效，操作人员还认为装置完好，在操作时放松了警惕，从而造成冲压伤害事故。因此在操作前要对装置进行认真检查，确保安全装置可靠有效。

6）冲压安全管理不善。

例如规章制度不完善、安全技术培训教育不到位、安全装置使用不合理等是造成冲压事故的原因之一。

7）生产现场劳动条件差。

照明条件不合适、噪声大、粉尘浓度高、现场杂乱等因素亦是引发冲压事故的原因之一。

（3）冲压加工伤害事故的原因

冲压作业造成的伤害事故与人员、设备、工艺、环境等因素密切相关，其原因非常复杂，利用因果图分析法能比较有效地表示伤害原因和结果之间的因果关系，如图 3-1 所示。

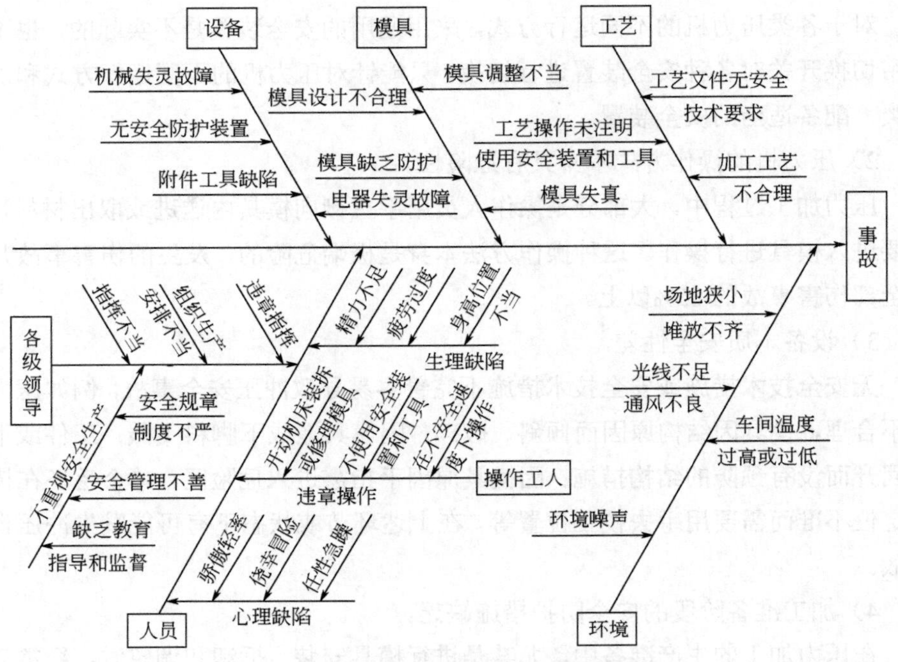

图 3-1　冲击事故发生原因和结果

1）操作人员

① 安全常识缺乏，未进行安全培训，没有使用防护器具。

② 不按照安全操作规程进行操作。

③ 不遵守安全规定，存在侥幸心理。

④ 工作不专心，粗心大意，开玩笑。

⑤ 疲劳、超过劳动强度、连续加班、带病上岗、熬夜。

⑥ 机器故障或模具异常，反应不灵敏，不及时处理，不能控制或逃避危险。

2）生产环境

① 生产区域存在脏乱的工作环境。

② 工厂布置不合适。

③ 搬运、物流工具不合理。

④ 缺乏安全防护装置或措施。

⑤ 工作场所缺乏紧急施救设施。

3）设备故障

① 机器设备保护装置故障或异常，机器设备辅助装置故障或异常。

② 模具设备保护装置故障或异常，模具设备辅助装置故障或异常。

（4）常见违章操作

1）没有使用手用工具进行操作，如图 3-2 所示。

图 3-2　违章操作（一）

2）手伸进机器取件，脚踏开关损坏，如图 3-3 所示。

图 3-3　违章操作（二）

3）使用安全工具时操作不当，安全手超过手柄，如图 3-4 所示。

4）单手伸进模具，如图 3-5 所示。

5）使用工具不正确，没有使用取件专用手工工具，如图 3-6 所示。

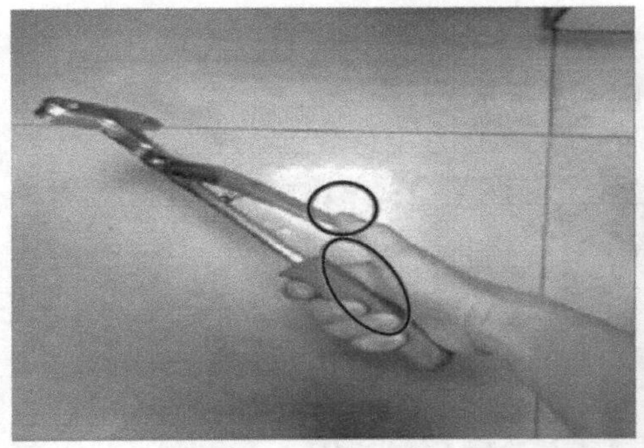
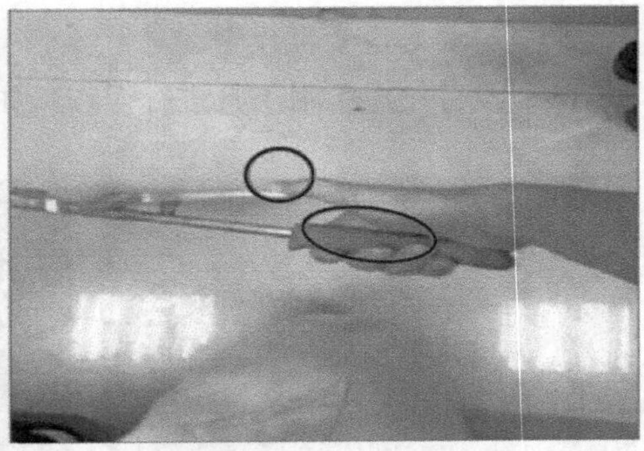

图 3-4　违章操作（三）

图 3-5　违章操作（四）

图 3-6　违章操作（五）

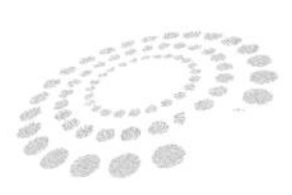

6）双手伸进模具和单手伸进模具，如图 3-7 所示。

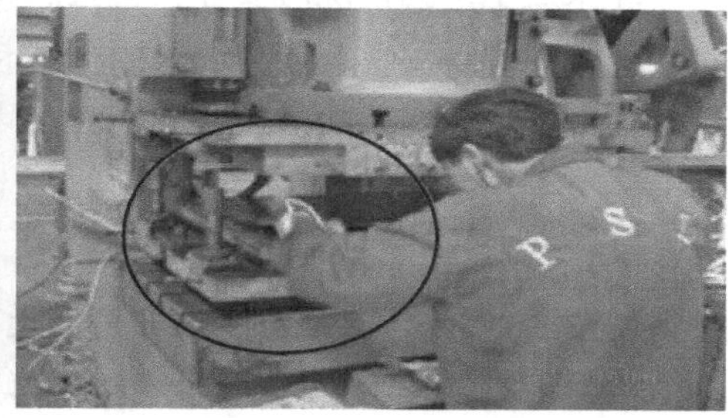

图 3-7　违章操作（六）

7）双手操作产品和单手操作产品不正确，如图 3-8 所示。

图 3-8　违章操作（七）

3.5.2　冲压事故的预防

冲压设备事故和伤害事故一般发生在人、机、物、料、环等子系统中，冲压作业伤害事故与冲压设备、模具操作方式、环境和人的状态有关。需采取综合性安全技术措施来从根本上预防冲压伤害事故，如进行安全系统工程学研究、控制人的行为和机械的不安全动作；研究机械和模具的安全防护装置；设计最适合于人的各种安全工具；采用最简单的操作方法；配套最适宜的工作环境。

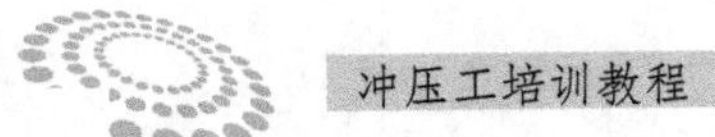

（1）冲床操作异常事故现象

冲床发生下列情况时要停机检查、修理：听到设备有不正常的敲击声；在单次行程操作时，发现有连冲现象；坯料卡死在冲压模具中或者发现废品；照明灯故障或者熄灭；安全防护装置不正常；冲压模具发生异常情况；手工操作没有防护，缺少手用工具。

（2）冲床设备操作按钮确认

如图 3-9 所示，要求熟悉“非常停止”按钮和机械内侧的“非常停止”按钮；进入机器内时，按下“非常停止”按钮再进入，“非常停止确认”有报警灯显示。

图 3-9　冲床设备“非常停止”按钮

图 3-10 是冲床上的“紧急停止”开关。

① 模具有废料时，清扫模具要急停。

② 整理物料时要急停。

③ 停工休息时要急停。

④ 模具维修、检查时要急停。

⑤ 设备故障、异常要急停。

⑥ 伸手进入模具内要急停。

⑦ 发生事故时马上急停。

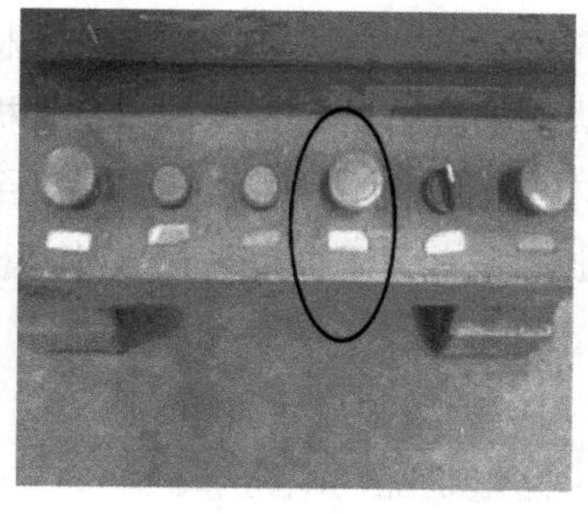

图3-10 冲床上的“紧急停止”开关

（3）冲床设备操作工安全防护用品的穿戴

按照图3-11所示，准备好安全防护用品，并且穿戴齐全。

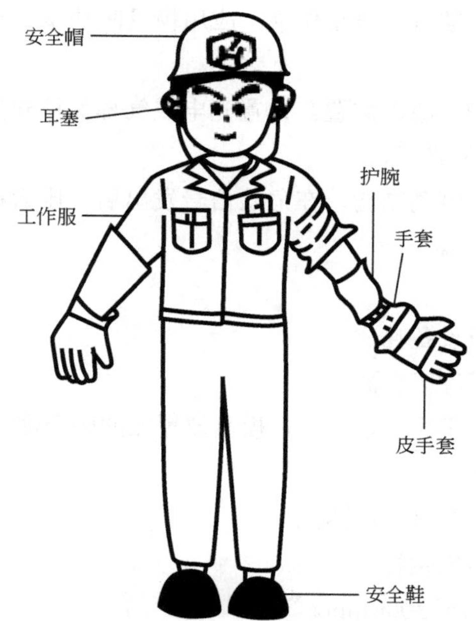

图3-11 安全防护用品的穿戴

（4）冲压机安全操作要点

1）冲床安全操作 冲床的操作必须按照要求执行，不要进行违反规定的操作，例如在关机时直接将电源关掉，开机时将速比控制一下调到底等，会导致设备刹车间隙不断增大，等不到月度保养或年度保养进行调整就出现安全事故。

冲床安全操作如下：将模具架好，使模具与整平机和送料机成直线，取相应

卷材按照材料方向置于料架，将压料臂压下，拆除料束，将整平机打开，使用手动将材料置入，通过整平机看材料从整平机出后是否理想。整平机在调整时逆时上升，顺时下降。打开送料机，将材料置入，使用手动将材料送至模具第一步骤冲床运作一次，依照手动将产品打出，完成后调整整平机自动，设定步距，采取连动，使冲床作业。

2）冲床点检　冲床点检从看、摸、听着手进行检查。

看：设备螺丝状况，气压状况，油量状况，电路等。

摸：润滑状况，螺丝紧固松动状况，光电，按钮等。

听：冲床上下滑动声音。

3）冲压的安全措施

① 实现机械化、自动化进出料。

② 设置机械防护装置，防止伤手；应用模具防护罩、自动退料装置和手工工具进出料。

③ 设置电气保护、断电装置。设置光电或气幕保护开关、双手或多手串联启动开关、防误操作装置等。

④ 改进离合器和制动结构，在危险信号发出后，压力机的曲轴、连杆、冲头能立即停止在原位上。

4）架模步骤

① 找到模具需求设备吨位。

② 清理设备上下冲床台面。

③ 将模具放置上下面清理干净，模具放置在冲床台面。

④ 将举模器打开。

⑤ 将后两定位柱放到相应两点。

⑥ 将模具轻推至定位柱。

⑦ 调整速比控制至 300r/min。

⑧ 调整模高，使模高比模具高度高 3～5mm。

⑨ 切换开关切向寸动的位置。

⑩ 将设备调至下极点。

⑪ 打开夹模器，将夹模器上下夹好。

⑫ 关闭夹模器，检查是否有错动现象。

⑬ 完成后，将设备启动至上极点。

⑭ 将模具内废料清除。

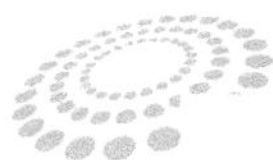

5）拆模步骤

① 将模高调高 3～5mm。

② 将速比控制调整到 300r/min 以下。

③ 取废料垫置于压线或字符上。

④ 切换开关指向寸动位置。

⑤ 将设备调至下极点。

⑥ 打开夹模器，将夹模器上下取出放置在指定挂钩上。

⑦ 关闭夹模器，检查是否有漏取现象。

⑧ 完成后，将冲床调至上极点。

⑨ 将模具内清理干净，叉上模具架。

（5）冲压操作禁忌事项

1）冲压设备严禁带病作业。

2）冲压设备在作业时，机台两边严禁站人。

3）非设备人员严禁调动设备，包括设备主要参数。

4）生产主要设备每天一定要认真落实点检。

5）非开料工站严禁使用脚踏按钮生产。

6）严禁光电关闭作业。

7）冲压作业严禁不戴手套作业。

8）脚踏开关严禁将脚一直踩于脚踏开关上作业，打一次后脚一定离开脚踏开关。

9）生产时机台台面严禁堆积过多料，不可超过下模高度。

10）连续模生产时需要将手放于紧急按钮上作业。

11）连续模在上料或者下料时必须使用叉车作业。

12）连续模在正常生产时严禁将手放于机台台面。

13）使用转动设备时，比如钻床等，严禁戴手套作业。

14）使用老式设备时严禁将手伸入机台内。

15）生产过程中，搬运料严禁过多搬运。

16）每天生产前需要先将锁模具之螺丝进行点检，以不能晃动为准。

17）严禁拿材料和产品在车间舞动。

18）严禁在车间嬉戏打闹。

19）严禁穿露脚的鞋子进入车间。

20）严禁穿裙子进入车间上班。

21）生产中，主机手一定要戴耳塞进行作业，女员工需要戴发夹上班作业。

22）生产过程中尽量将自己生产物料靠冲床摆放，保持整齐，严禁堵塞通道。

23）严禁消防设备前放置物品。

24）严禁地面上大量油污。

25）严禁坐在材料上或者材料边休息。

26）攻牙时严禁戴手套作业。

27）严禁在车间跑动。

28）严禁蛮力作业。

29）严禁地面有垃圾、废料、纸屑，保持地面干净。

30）严禁私自乱拉电源。

31）未经培训严禁乱动设备。

32）严禁两人同机操作。

33）下料工序最后一个料片严禁用手直接接触。

3.6 冲压加工安全技术

在冲压加工过程中，为了防止和消除操作与设备事故，保障操作者的安全和健康，根据冲压加工的特点和生产环节的需要而采取了各种技术措施，例如改造生产工艺和设备；改变不安全的生产流程和操作方法；设置防护装置；尽可能实施机械化和自动化生产。

3.6.1 冲压设备安全要求

（1）机械系统的安全要求

1）冲压机械的强度；

2）安装保护罩；

3）安装高空作业防护；

4）采用防止松动和脱落的措施。

（2）操作和控制系统的安全要求

1）手和身体的保护措施　由于冲压机械的操作和生产工作单调，工作时间长，易疏忽，容易发生手或身体的一部分伸进滑块等危险区域内被夹住造成伤害事故，必须有充分的保护措施。

① 操作人员误操作“安全行程”或“连续”等运转方式时，控制系统必须具有防止产生危险的功能。

② 单行程时，必须把操作双手按钮的过程，作为滑块到达下极点前操作的一个组成部分。

③ 当采用控制系统将冲压机械紧急停止后，控制系统必须具有防止再启动的功能。

④ 滑块在下降过程中，应保证作业人员身体的一部分无法进入滑块危险区域。

⑤ 滑块在下降过程中，当作业人员的身体一部分已进入滑块危险区内时，冲压机械应能立即停止正在进行的工作。

2）防止造成轧伤的措施　当滑块发生异常下降时，必须具有防止造成轧伤事故的措施。

① 当制动器出现异常而打滑时，滑块应不发生连冲现象。

② 当控制电路中的继电器和限位开关等重要元件发生故障时，滑块应不发生连冲现象。

③ 使用安全离合器和控制时，在电磁阀出现故障后，滑块应不发生连冲现象。

④ 在制动器处于接合状态时，主电动机应该不能启动。

⑤ 当离合器处于接合状态时，主电动机应该不能启动。

⑥ 当气动离合器和制动器的气源气压平降到允许值以下时，冲压机械应不能够继续工作。

⑦ 控制离合器工作的压缩空气系统或电器控制系统发生异常时，能自动脱开离合器，并使制动器接合。

（3）冲压机械电气电路安全控制要求

冲压机械的控制电路系统失灵，往往会引起滑块误动，造成人身伤害事故。因此，与普通机床相比，冲压机械的控制系统必须具有很高的可靠性，且具备无论什么原因都不会产生误动的功能。

1）在控制电路断电、漏电、短路、断气、安装不牢、元器件质量不好或故障等各种情况下，不仅不允许进行不安全的启动操作，而且就是滑块正在往复工作中也要能自动地停止运动，即“故障也安全”。这是发现故障后进一步避免故障扩大的重要设计原则。

2）当操作人员未按操作程序，冲压机械也不会发生危险的误动作，即“误操作也安全”。

3）为保护控制系统工作的可靠性、稳定性，必须安装检查冲压机械运转状态和防止误操作的安全检查电路，以便能检测控制系统内部故障和外部故障。一旦出现故障，冲压机械滑块必须迅速停止运动，并发出报警信号。

4）为提高机械工作效率，必须满足冲压机械行程次数、连续运转时间等方面对控制系统的要求，尽量减少电气控制系统的维修次数，甚至不必进行维修就能做到可靠运行。

（4）工艺设计安全管理

冲压作业安全管理除了健全安全操作规程，建立检查和监督制度外，安全管理还包括工艺、模具、设备（包括安全装置）管理，生产计划管理，安全操作管理，责任制管理等。加强对操作人员和全体员工的安全教育及培训，各项安全管理制度、安全操作规程及安全措施全面落实到位，也是冲压安全管理的关键。工艺设计安全管理具体如下：

1）工艺设计　工艺设计人员应对冲制的零件正确地排列流程，并合理地选择冲压设备。

2）工艺文件　建立内容完整的工艺文件是工艺管理的重要内容。工艺文件既是产品生产的依据，又是执行工艺纪律的重要依据，工艺文件（例如工艺卡或工艺过程卡）中除注明一般工艺过程外，还应包括有关安全内容、每小时产量、作业要点、采用的保护装置和措施等。健全冲压工艺管理，把安全技术措施纳入工艺文件是非常必要的，不仅能够保证各项安全技术措施的落实，实现有效的安全生产，而且能够明确工艺技术人员的安全生产责任。

工艺文件中的安全要点主要是：作业的安全性分类，安全装置和设施，作业的行程规范，操作安全要点，作业人员的安排和工作场地布置等。

（5）冲压设备安全防护装置管理

冲压设备比一般机械设备的危险性大，特别容易出现的现象是：

① 刚性离合器的转键、键柄和直键的断裂。

② 操纵器杆件、销钉和弹簧的折断。

③ 牵引电磁铁出现不释放现象。

④ 中间继电器粘连、开关失效、制动钢带断裂等。

这些都会使压力机滑块运动失控，引起人身伤害事故，为此需要经常检查，发现故障及时维修。

（6）冲压模具安全管理

冲压模具安全管理包括对冲模的设计、制造、检验、试冲、领用、保管和维修等的管理。模具管理不仅对产品质量和模具寿命有重要影响，而且对安全生产关系也很重大。

3.6.2　冲压作业现场管理要求

作业现场管理是保证操作安全和文明生产的重要方面，具体要求有作业现场环境要求和作业平面布置要求。

（1）作业现场环境要求

1）一般要求　工厂应为操作者创造和提供在生理和心理上的良好作业环境，即车间的温度、通风、照度和噪声等应符合劳动卫生要求。

2）现场光照度要求

① 采用人工照明时，不得干扰光电保护装置，并应防止产生频闪效应。除安全灯和指示灯外，不应采用有色光源照明。

② 在室内照度不足的情况下，应采用局部照明。

③ 与采光和照明无关的发光体（如电弧焊、气焊光及燃烧火焰等）不得直接或经反射进入压力机操作者的视野。

④ 局部照明应用 36V 的安全电压。

3）现场工效设计

① 工位结构和各部分组成应符合人类工效学、生理学的要求和工作特点。

② 工厂应使操作者舒适地坐或立，或坐立交替在压力机旁进行操作，但不允许剪切机操作工坐着工作。

③ 坐着工作时，一般应符合下列要求：

工作座椅应是三条腿，结构必须牢固，坐下时双脚能着地，座椅的高度为 400～430mm，高度可调并具有止动装置，座椅应有靠背，靠背的高度也应可调。

压力机工作台下面应有放脚空间，其高度不小于 600mm，深度不小于 400mm，宽度不小于 500mm。

压力机的操作按钮离地高度应为 700～1100mm，如操作位置离工作台边缘只有 300mm 时，按钮高度可为 500mm。

工作面的高度应为 700～750mm，当工作面高度超过这一数值而又不可调时，应垫以脚踏板。脚踏板应能沿高度调整，其宽度不应小于 300mm，长度不应小于

400mm，表面应能防滑，前缘应有高 10mm 的挡板。

④ 站立工作时，应符合下列要求：

压力机的操纵按钮离地高度为 800～1500mm，距离操作者的位置最远为 600mm。

为便于操作者尽可能靠近工作台，压力机下部应有一个深度不小于 150mm、高度为 150mm、宽度为 530mm 的放脚空间。

工作面高度应为 930～980mm。

⑤ 剪切机的工作台面高度应为 750～900mm。

4）工作地面　车间工作地面必须防滑。压力机基础或地坑的盖板必须是花纹钢板或在平板上焊以防滑筋。

① 车间各部分工作地面（包括通道）必须平整，并经常保持整洁。地面必须坚固，能承受规定的荷重。

② 工件附近的地面上，不允许存放与生产无关的障碍物，不允许有黄油、油液或水存在。经常有液体的地面，不应渗水，并坡向排放系统。

③ 压力机基础应有液体储存器，以收集由管路泄漏的液体。储存器底部应有一定坡度，以便排除废液。

（2）作业平面布置要求

1）车间工艺设备的平面布置，除满足工艺要求外，还需要符合安全和卫生规定。

2）有害物质的发生源，应布置在机械通风或自然通风的下风侧；酸洗间应与主厂房分开一段距离，如必须位于主厂房内，则需用隔墙将其封闭。

3）产生强烈噪声的设备（如通风设备、清理滚筒等），如不能采取措施减噪，应将其布置在离主要生产区较远的地方，并充分考虑个体防护。

4）放置压力机时，应留有宽敞的通道和充足的出料空间，并充分考虑操作时材料的摆放；设备工作场地必须畅通无阻和便于存放材料、半成品、成品和下脚料；设备和工作场地必须适合于生产特点，使操作者的动作不致干扰别人。

5）不允许压力机和其他工艺设备的控制台（操纵台）遮住机器及工作场地的重要部位。

6）若使用起重机，压力机的布置必须使操作者和起重机司机易于彼此望见。

7）车间工艺流程应顺畅。各部门之间应以区域线分开。

8）车间通道必须畅通。

3.6.3 冲压安全教育和培训管理

以安全技能提升为目的，有计划地开展安全教育和培训工作，普及安全知识，提高冲压工的安全技术素质，是实现安全文明生产、预防工伤事故和职业危害的重要手段。企业法定代表人、各级领导、各部门负责人及冲压工所在单位都必须对冲压安全生产负责，并需建立健全的安全生产责任制。

（1）对冲压人员进行安全教育培训

在冲压作业中，操作人员起决定性作用，对冲压操作人员必须进行安全教育培训。冲压人员安全意识和安全技术素质提高，就能自觉遵守规章制度，消除不利因素，防患于未然，将事故消灭在萌芽状态。应培训冲压操作人员熟练掌握冲压生产技术及冲压设备、模具、防护装置的安全操作技术，熟练掌握冲压生产新工艺、新技术。冲压操作工人需通过特殊工种培训教育考核后方能持证上岗。

1）安全技术管理人员、设备和模具维修人员、工艺人员都应进行全面、定期的安全技术学习，并不断掌握新的安全技术和安全技能。

2）每个新进厂和调岗的冲压工人，要接受安全技术教育，获得了合格证书和设备操作证书后，才允许担任冲压设备操作工作。

3）冲压工人只允许在指定的冲压设备上工作。

4）设备维修、模具调整和安装工人，要进行全面的安全技术学习。

5）冲压工人要定期接受安全技术教育。

（2）加强安全管理制度落实和加强现场安全技术管理力度

对所有人员（管理人员、生产及技术管理人员、冲压操作人员）进行“安全第一，预防为主”的思想教育，进行职业安全法律法规教育，落实安全管理制度，落实现场安全技术管理责任。

（3）落实安全技术措施

落实安全技术措施，改进冲压作业方式，改进工艺、模具方案，设置模具和设备的防护装置，如在模具上设置机械进出料机构，采用自动化、多工位冲压机械设备，应用多工位模具、连续模、自动模与机械化进出料装置提高产品产量和质量。这些安全技术措施不仅能保障冲压作业员工和设备的安全，而且能提高产品质量和生产效率，减轻劳动强度，方便操作，也可以实现冲压自动化生产，使得冲压技术得到发展。

第 4 章　冲压工（初级）应知应会

4.1　计算与识图知识

（1）机械图纸的概念

1）工程图纸　工程技术上根据投影方法并遵照国家标准的规定绘制成的用于产品或者设备设计、制造、检验、安装等过程中所使用的图叫做工程图纸，简称图纸。工程图纸可分为：机械图纸、建筑图纸、水利工程图纸等。

2）机械图纸　是机械生产中最基本的技术文件；是设计、制造、检验、装配产品的依据；是进行科技交流的工程技术语言。它的主要内容为一组用正投影法绘制成的机件视图，还有加工制造所需的尺寸和技术要求。

3）图样　工程图纸简称图纸，也叫图样。图样是工程语言，和语言文字一样是人类在生产实践活动中用来表达和交流技术思想的有力且必不可少的工具。

4）识图　是进行工程语言交流的基础。应熟悉制图的基本知识、基本方法，培养识图和空间想象能力及空间分析能力。

（2）三视图与图纸视角

1）三视图　三视图是指物体在正投影面所得主视图、在水平投影面所得的俯视图、在侧投影面所得左视图的总称。

三视图的投影规律：物体有长、宽、高三个方向的尺寸，三个视图不是孤立的，而是彼此关联的。主视图表明物体的高和长；俯视图反映物体的长和宽；左视图反映物体的高和宽。其投影规律归纳为：主视图与俯视图长对正；主视图与左视图高平齐；俯视图与左视图宽相等，即“长对正，高平齐，宽相等”。这是画图和看图的主要依据。

主视图表示从物体的前方向后看的形状和长度、高度方向的尺寸以及左右和上下方向的位置。俯视图表示从物体上方向下俯视的形状和长度、宽度方向的尺

寸以及左右和前后方向的位置。左视图表示从物体左方向右看的形状和宽度、高度方向的尺寸以及前后和上下方向的位置。

2）图纸视角　常用的图纸视角有“第一视角”和“第三视角”。ISO 国际标准规定：在表达机件结构中，第一视角和第三视角画法同等有效。中国、英国、德国等采用第一视角画法，美国、日本及中国香港、中国台湾企业采用第三视角画法。

采用第一视角画法时，从投影方向看去是按人（观察者）一物（机件）一面（投影面）的相对位置，作正投影得到图形。将物体置于第一分角内，并使其处于观察者与投影面之间。

采用第三视角画法时，从投影方向看去是按人一面一物的相对位置关系，作正投影得到图形，将物体置于第三分角内并使投影面处于观察者与机件之间。

国家标准 GB/T 14692 中规定，我国的机械图样“应按第一视角画法布置六个基本视图，……必要时（如按合同规定等），才允许使用第三视角画法”。

（3）零件常用的表达方法

机械零件用主、俯、左三个视图表达机件的结构形状。对于结构复杂的零件，仅采用三个视图，往往不能将它们表达清楚，还需要采用其他表达方法，具体规定见国家标准 GB/T 17451～17453。

物体向投影面投射所得的视图，称为基本视图。基本视图是用正六面体的六个平面作为基本投影面，从物体的前、后、左、右、上、下六个方向分别向六个基本投影面投影，得到的六个视图。除前面已介绍过的主视图、俯视图和左视图外，还有右视图、仰视图和后视图。六个基本投射方向、六个基本视图的名称分别是：自物体的前方投射，主视图；自物体的上方投射，俯视图；自物体的左方投射，左视图；自物体的右方投射，右视图；自物体的下方投射，仰视图；自物体的后方投射，后视图。六个基本视图之间，仍符合“长对正、高平齐、宽相等”的投影规律。展开投影面的投影规律为：主、俯视图长对正；主、左视图高平齐；俯、左视图宽相等。

4.2　钳工操作技能基础

4.2.1　钳工基本操作

钳工用手持工具和常用设备对金属进行加工。在实际工作中，有些机械加工

不太适宜或不能解决的工作，还是由钳工完成，比如：设备的组装及维修等。随着工业的发展，在比较大的企业里，对钳工还有更细的分工。

钳工的特点：

① 加工灵活、方便，能够加工形状复杂、质量要求较高的零件。

② 工具简单，制造方便，材料来源充足，成本低。

③ 劳动强度大，生产率低，对工人技术水平要求较高。

钳工应用范围：

① 加工前的准备工作，如清理毛坯、在工件上划线等。

② 加工精密零件，如锉样板、刮削或研磨机器量具的配合表面等。

③ 零件装配成机器时互相配合零件的调整，整台机器的组装、试车、调试等。

④ 机器设备的保养维护。

钳工的专业分工有：装配钳工、修理钳工、模具钳工、划线钳工、工具夹具钳工。无论是哪一种钳工，要想完成好本职工作，首先应该掌握钳工的基本操作。

钳工的基本操作有：①划线；②锉削；③錾削；④锯削；⑤钻孔、扩孔、锪孔、铰孔；⑥攻螺纹、套螺纹；⑦刮削；⑧研磨；⑨装配。

台虎钳（图 4-1）用来夹持工件，其规格以钳口的宽度来表示，有 100mm、125mm、150mm 三种。

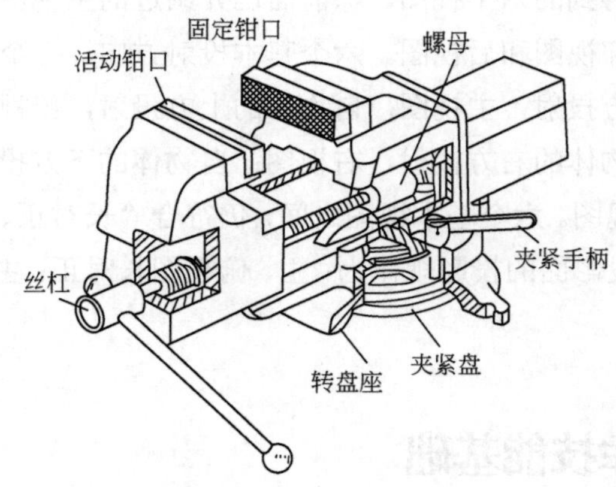

图 4-1　台虎钳内部结构和外形

台虎钳的正确使用和维护方法如下：

① 台虎钳必须正确、牢固地安装在钳台上。

② 工件的装夹应尽量在台虎钳钳口的中部，以使钳口受力均衡，夹紧后的工件应稳固可靠。只能用手扳紧手柄来夹紧工件，不能用套筒接长手柄加力或用手锤敲击手柄，以防损坏零件。

③ 不要在活动的钳身表面进行敲打，以免损坏与固定钳身的配合性能。

④ 加工时用力方向最好是朝向固定钳身。

⑤ 丝杆、螺母要保持清洁，经常加润滑油，以便提高其使用寿命。

4.2.2 划线

划线：在某些工件的毛坯或半成品上按零件图样要求的尺寸划出加工界线或找正线。

（1）划线的作用

1）确定工件加工表面的加工余量和位置；

2）检查毛坯的形状、尺寸是否合乎图纸要求；

3）合理分配各加工面的余量。

划线不仅能使加工有明确的界限，且能及时发现和处理不合格的毛坯，避免造成损失，而在毛坯误差不太大时，往往又可依靠划线的借料法予以补救，使零件加工表面符合要求。

（2）划线的种类

1）平面划线：在工件的一个表面上划线。

2）立体划线：在工件的几个表面上划线。

（3）划线工具

基准工具：划线平板、划线方箱。

测量工具：游标高度尺、钢尺、直角尺。

绘划工具：划针、划规、划卡、划针盘、样冲。

夹持工具：V 形铁、千斤顶。

（4）划线基准

在零件的许多点、线、面中，用少数点、线、面能确定其他点、线、面相互位置，这些少数的点、线、面被称为划线基准。基准就是确定其他点、线、面位置的依据，划线时都应从基准开始，在零件图中确定其他点、线、面位置的基准为设计基准，零件图的设计基准和划线基准是一致的。图 4-2 是设计基准和划线基准一致的零件图。

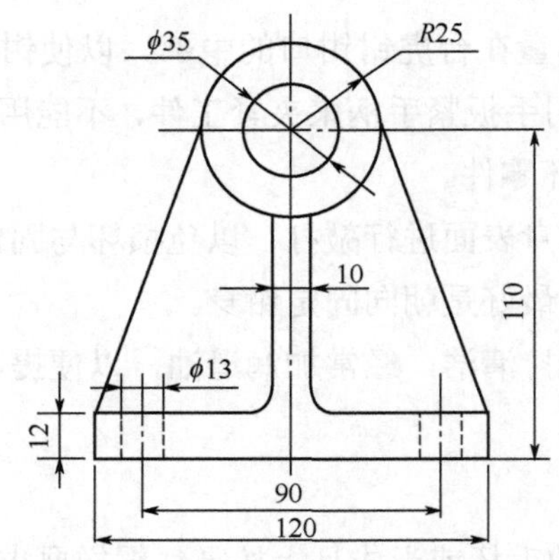

图 4-2　设计基准和划线基准一致的零件

（5）划线步骤

划线是钳工操作的最重要的一个环节，划线的质量直接影响到工件的精度和质量。

1）研究图纸，确定划线基准，详细了解需要划线的部位，这些部位的作用和需求以及有关的加工工艺。

2）初步检查毛坯的误差情况，去除不合格毛坯。

3）工件表面涂色（蓝油）。

4）正确安放工件和选用划线工具。

5）划线。

6）详细检查划线的精度以及线条有无漏划。

7）在线条上打冲眼。

4.2.3　錾削、锉削、曲面锉削

（1）錾削

錾削是利用手锤敲击錾子对工件进行切削加工的一种工作。

1）錾削工具

a）錾子：材料 T7A 或 T8A；种类有扁錾、尖錾。

b）手锤：锤头由碳素工具钢制成，在锤头的木柄里有一楔铁。为保证安全，在使用前要检查锤头是否有松动，若有松动，即时修整楔铁，以防锤头脱落、伤人。

2）操作方法

a）錾子握法：正握法、反握法和立握法，见图 4-3。

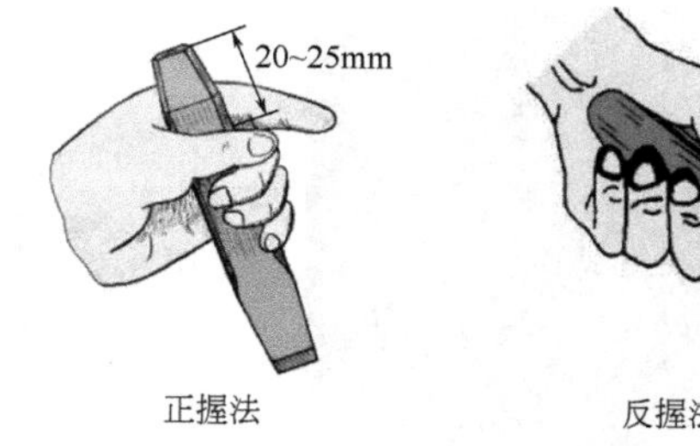

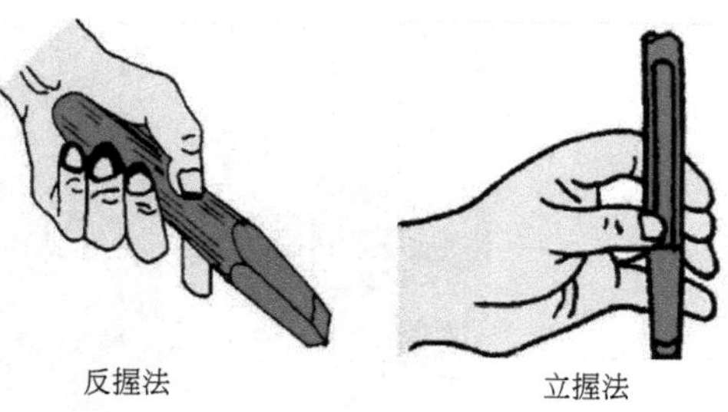

图 4-3　錾子握法

b）手锤握法和站立姿势：见图 4-4。

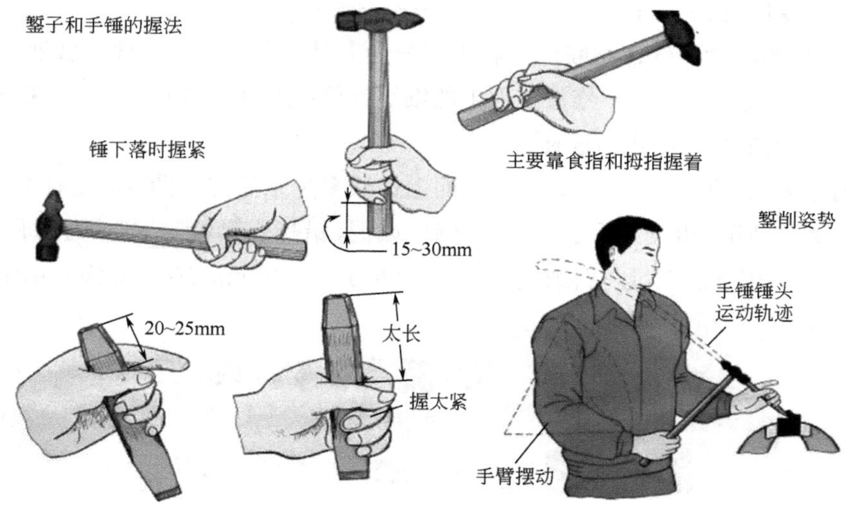

图 4-4　手锤握法和錾削姿势

3）注意事项

检查錾口是否有裂纹；检查锤子手柄是否有裂纹，锤子与手柄是否有松动；不要正面对人操作；錾头不能有毛刺；操作时不能戴手套，以免打滑；錾削临近终了时要减力锤击，以免用力过猛伤手。

（2）锉削

锉削是利用锉刀对工件材料进行切削加工的操作。图 4-5 是锉削加工操作，其应用范围很广，可锉工件的外表面、内孔、沟槽和各种形状复杂的表面。

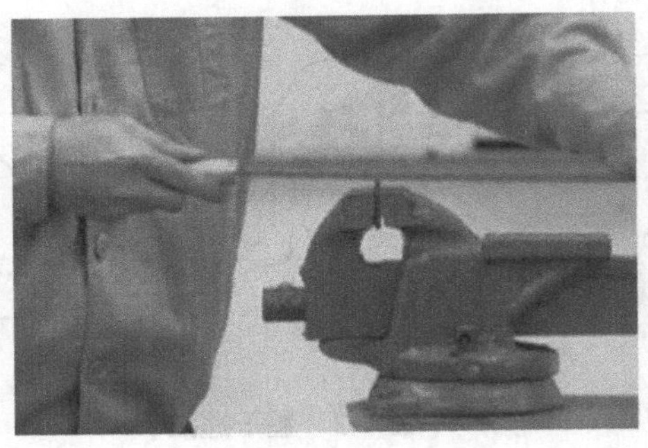

图 4-5　锉削加工操作

1）工具

a）材料：T12 或 T13。

b）种类：普通锉，按断面形状不同分为五种，即平锉、方锉、圆锉、三角锉、半圆锉；整形锉，用于修整工件上的细小部位；特种锉，用于加工特殊表面。

c）锉刀的粗细确定与选择使用。

确定方法：以锉刀 10mm 长的锉面上齿数多少来确定，图 4-6 是锉削工具。

分类与使用：粗锉刀用于加工软材料，如铜、铅等或粗加工。细锉刀（每 10mm 13～24 齿）用于加工硬材料或精加工。光锉刀（每 10mm 30～40 齿）用于最后修光表面。

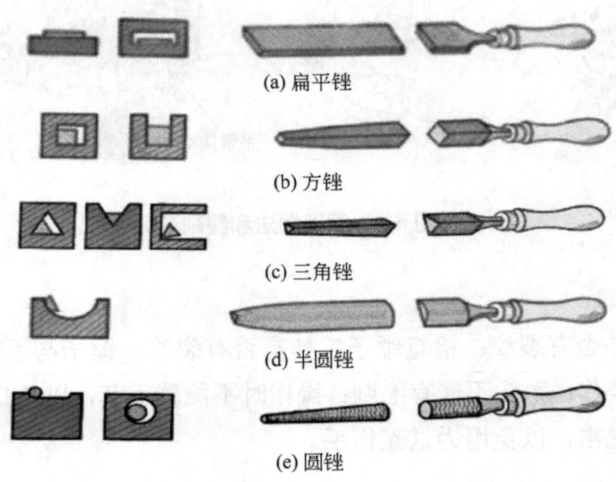

图 4-6　锉削工具

2）锉削姿势　开始锉削时身体要向前倾斜 10° 左右，左肘弯曲，右肘向后。锉刀推出 1/3 行程时身体向前倾斜 15° 左右，此时左腿稍直，右臂向前推，推到

2/3 时，身体倾斜到 18° 左右，最后左腿继续弯曲，右肘渐直，右臂向前使锉刀继续推进至尽头，身体随锉刀的反作用方向回到 15° 位置。

锉削力的运用：锉削时有两个力，一个是推力，一个是压力，其中推力由右手控制，压力由两手控制，而且，在锉削中，要保证锉刀前后两端所受的力矩相等，即随着锉刀的推进左手所加的压力由大变小，右手的压力由小变大，否则锉刀不稳易摆动。

锉削方法有：顺向锉、交叉锉、推锉。图 4-7 是三种锉削方法示意图。

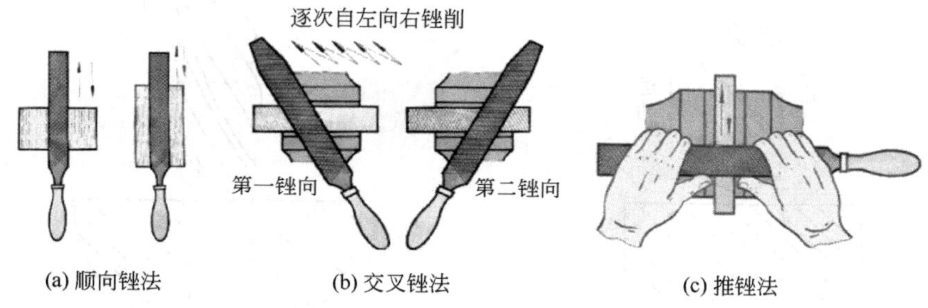

图 4-7　三种锉削方法示意图

（3）曲面（外圆弧）锉削

a）运动形式：横锉、顺锉；

b）方法：横向圆弧锉法用于圆弧粗加工；滚锉法用于精加工或余量较小时。图 4-8 是外圆弧锉削方法。

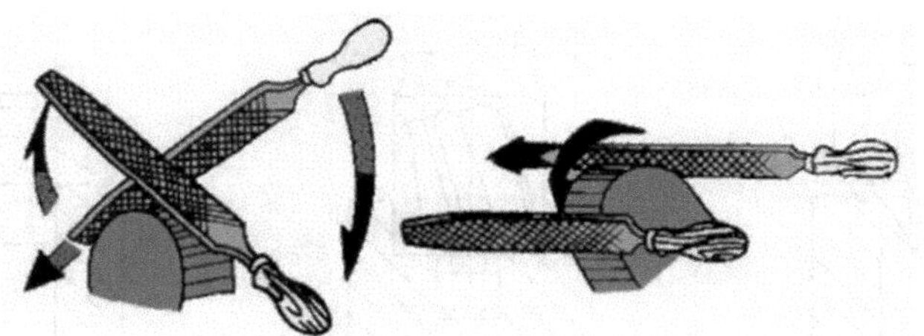

图 4-8　外圆弧锉削方法

（4）锉刀使用及安全注意事项

a）不使用无柄或柄已裂开的锉刀，防止刺伤手腕；

b）不能用嘴吹铁屑，防止铁屑飞进眼睛；

c）锉削过程中不要用手抚摸锉面，以防锉时打滑；

d）锉面堵塞后，用铜锉刷顺着齿纹方向刷去铁屑；

e）锉刀放置时不应伸出钳台以外，以免碰落砸伤脚。

4.2.4 钻孔、扩孔、锪孔

（1）钻孔、扩孔、锪孔的作用

钻孔：用钻头在实心工件上加工孔叫钻孔。钻孔只能进行孔的粗加工，精度IT12左右，表面粗糙度*Ra*12.5左右。图4-9是钻孔加工。

扩孔：扩孔用于扩大已加工出的孔，它常作为孔的半精加工。适用于精度IT10，*Ra*6.3，余量为0.5～4mm的零件。图4-10是扩孔加工。

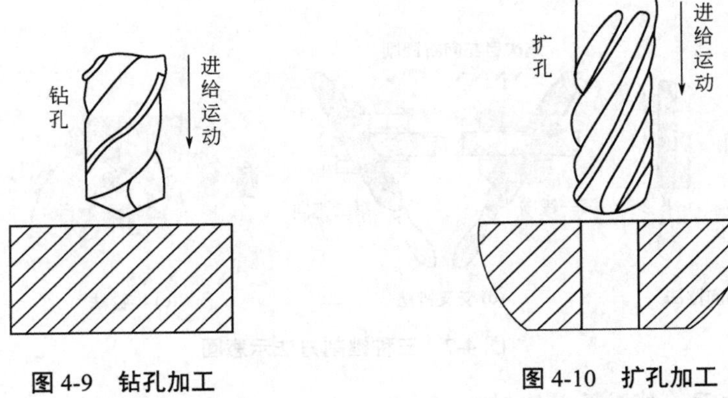

图4-9 钻孔加工　　图4-10 扩孔加工

锪孔：锪孔是用锪钻对工件上的已有孔进行孔口形面的加工，其目的是为保证孔端面与孔中心线的垂直度，以便使与孔连接的零件位置正确，连接可靠。图4-11是锪孔加工。

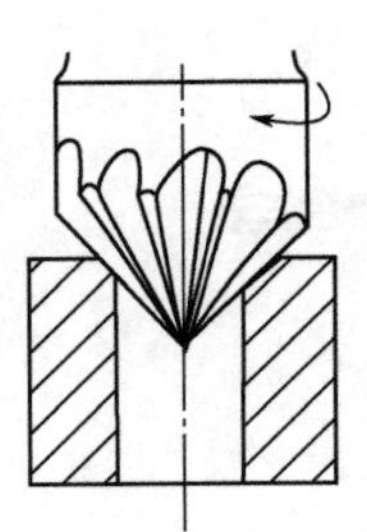
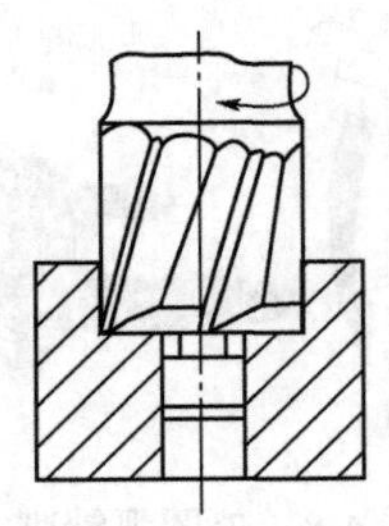
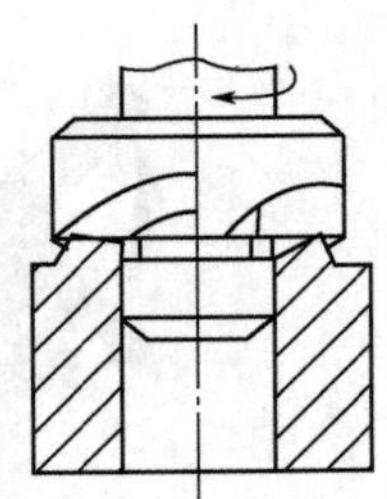

图4-11 锪孔加工

（2）钻孔的设备

台式钻床：钻孔直径一般为12mm以下，特点是小巧灵活，主要加工小型零件上的小孔。立式钻床：主要由主轴、主轴变速箱、进给箱、立柱、工作台和底座组成。立式钻床可以完成钻孔、扩孔、铰孔、锪孔、攻丝等加工，立式钻床适

于加工中小型零件上的孔。手电钻：在其他钻床不方便钻孔时，可用手电钻钻孔。先进的钻孔设备，如数控钻床减少了钻孔划线及钻孔偏移，还有磁力钻床等。

（3）刀具和附件

1）刀具

a）钻头：有直柄和锥柄两种。它由柄部、颈部和切削部分组成，它有两个前刀面，两个后刀面，两个副切削刃，一个横刃，一个顶角（116°～118°）。

b）扩孔钻：基本上和钻头相同，不同的是，它有 3～4 个切削刃，无横刃，刚度、导向性好，切削平稳，所以加工孔的精度、表面粗糙度较好。

c）铰刀：有手用、机用、可调锥形等多种，铰刀有 6～12 个切削刃，没有横刃，它的刚性、导向性更高。

d）锪孔钻：有锥形、柱形、端面等几种。

2）附件

a）钻头夹：装夹直柄钻头。

b）过渡套筒：连接椎柄钻头。

c）手虎钳：装夹小而薄的工件。

d）平口钳：装夹加工过而有平行面的工件。

e）压板：装夹大型工件。

4.2.5　锯削

锯削是用手锯锯断金属材料或在工件上锯出沟槽的操作，用途如下：

a）分割各种材料或半成品；

b）锯掉工件上的多余部分；

c）在工件上锯槽。

（1）锯削工具

1）锯弓：锯弓是用来张紧锯条的，锯弓分为固定式和可调式两类。

2）锯条：锯条是用来直接锯削材料或工件的工具，一般由渗碳钢冷轧制成，也有用碳素工具钢或合金钢制造的。锯条的长度以两端装夹孔的中心距来表示，手锯常用的锯条长度为 300mm，宽 12mm，厚 0.8mm。

锯条选用原则：①根据被加工工件尺寸精度；②根据加工工件的表面粗糙度；③根据被加工工件的大小；④根据加工工件的材质。

（2）锯割操作

1）锯条的安装：齿尖朝前；松紧适中；锯条无扭曲。

2）工件的夹持：工件一般应夹在虎钳的左面，以便操作；工件伸出钳口不应过长，应使锯缝离开钳口侧面 20mm 左右，防止工件在锯割时产生振动；锯缝线要与钳口侧面保持平行，便于控制锯缝不偏离划线线条；夹紧要牢靠，同时要避免将工件夹变形和夹坏已加工面。

3）起锯：起锯时利用锯条的前端（远起锯）或后端（近起锯），靠在一个面的棱边上起锯。起锯时，锯条与工件表面倾斜角约为 15° 左右，最少要有三个齿同时接触工件。为了起锯平稳准确，可用拇指挡住锯条，使锯条保持在正确的位置。

4）锯削姿势：锯削时左脚超前半部，身体略向前倾，与台虎钳中心约成 75° 。两腿自然站立，人体重心稍偏于右脚。锯削时视线要落在工件的切削部位。推锯时身体上部稍向前倾，给手锯以适当的压力而完成锯削。

5）锯削压力、速度及行程长度的控制：推锯时，予以适当压力；拉锯时应将所给压力取消，以减少对锯齿的磨损。锯割时，应尽量利用锯条的有效长度。锯削时应注意推拉频率：对软材料和有色金属材料频率为每分钟往复 50～60 次，对普通钢材频率为每分钟往复 30～40 次。

（3）锯削加工方法及安全操作

1）锯削加工方法

a）扁钢、型钢锯削：在锯口处划一周圈线，分别从宽面的两端锯下，两锯缝将要对接时，轻轻敲击使之断裂分离。

b）圆管锯削：选用细齿锯条，当管壁锯透后随即将管子沿着推锯方向转动一个适当角度，再继续锯割，依次转动，直至将管子锯断。

c）棒料锯削：如果断面要求平整，则应从开始连续锯到结束，若要求不高，可分几个方向锯下，以减小锯切面，提高工作效率。

d）薄板锯削：锯削时尽可能从宽面锯下去，若必须从窄面锯下时，可用两块木垫夹持，连木块一起锯下，也可把薄板直接夹在虎钳上，用手锯作横向斜推锯。

e）深缝锯削：当锯缝的深度超过锯弓高度时，应将锯条转 90° 重新装夹，当锯弓高度仍不够时，可把将锯齿朝向锯内装夹进行锯削。

2）安全操作

a）锯条松紧要适度。

b）工件快要锯断时，施加给手锯的压力要轻，以防突然断开砸伤人。

4.2.6 螺纹攻丝、套丝

螺纹分为内螺纹和外螺纹，钳工实习所做的螺纹为三角螺纹，它的牙型角为60°。螺纹的种类比较多，有矩形螺纹、三角形螺纹、梯形螺纹、锯齿形螺纹、方螺纹、圆螺纹、管螺纹等。螺纹要素：牙形、外径、螺距、精度、旋向。图 4-12 是螺纹的种类。

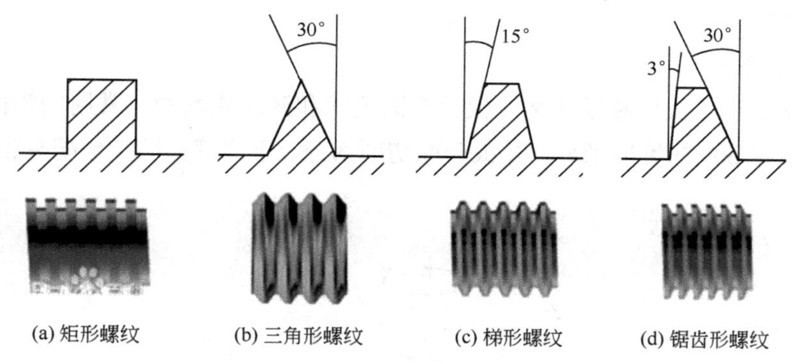

图 4-12　螺纹的种类

（1）攻丝

攻丝工具包括丝锥和丝攻扳手。手用丝锥可分为三个一组或两个一组，即头锥、二锥、三锥，两个一组的丝锥常用，使用时先用头锥，后用二锥。头锥的切削部分斜度较长，一般有 5～7 个不完整牙形；二锥较短，只有 1～2 个不完整牙形。头锥前部锥体长，便于导向；二锥前部锥体短。

1）钻孔　攻丝前先钻螺纹底孔，底孔直径的选择可查有关手册，也可用公式计算。

脆性材料（铸铁、青铜等）　　$D=d-1.1t$

塑性材料（钢、紫铜等）　　$D=d-t$

式中　D——钻孔的直径，mm；

d——螺纹的外径，mm；

t——螺距，mm。

攻盲孔（不通孔）的螺纹时，因丝锥不能攻到底，所以孔的深度要大于螺纹长度。

$$孔的深度=要求螺纹长度+0.7d$$

2）攻丝　先用头锥攻螺纹。开始必须将头锥垂直放在工件内，可用目测或直角尺从两个方向检查是否垂直，开始攻丝时一手垂直加压，另一手转动手柄，当丝锥开始切削时，即可平行转动手柄，不再加压，这时每转动 1～2 圈，要反转 1/4 圈，攻丝时要加润滑液。

头锥用完再用二锥，当攻通孔时，可用头锥一次攻透即可，二锥不再使用，如不是通孔，二锥必须使用。

头锥先锥出螺纹的轮廓，二锥在其基础上把螺纹做得更圆滑，使螺丝能够轻易地拧进去。

（2）套丝

套丝工具是板牙和板牙架。板牙有固定式和开缝式两种，常用的为固定式，孔的两端有 60° 的锥度部分，是板牙的切削部分。不同规格的板牙配有相应的板牙架。

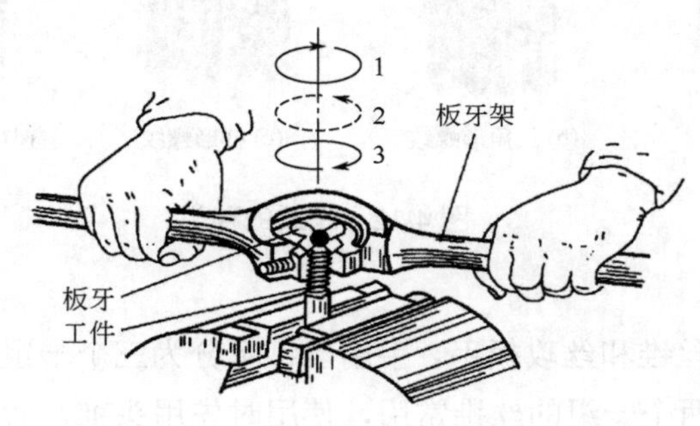

图 4-13　套丝操作

套丝的方法：套前首先确定圆杆直径，太大难以套入，太小形成不了完整螺纹，可按公式计算。

$$圆杆直径 = 螺纹的外径 - 0.2t$$

套丝时，板牙端面与圆杆垂直（圆杆要倒角 15°～20°），开始转动要加压，切入后，两手平行转动手柄即可，时常反转断屑，加润滑液。图 4-13 是套丝操作。

4.2.7　装配基础知识

（1）机械制造过程

从原材料进厂起，到机器在工厂制成为止，需要经过铸造、锻造毛坯，在金工车间把毛坯制成零件，用车、铣、刨、磨、钳等加工方法，改变毛坯的形状、尺寸。装配就是在装配车间，按照一定的精度、标准和技术要求将若干零件组装

成机器的过程，然后，在经过调整、试验合格后涂上油装箱，整个工作完成。

（2）装配的分类

装配分为组件装配、部件装配、总装配。

组件装配：将若干个零件安装在一个基础零件上。

部件装配：将若干个零件、组件安装在另一个基础零件上。

总装配：将若干个零件、组件、部件安装在另一个较大、较重的基础零件上构成产品。

（3）常用装配工具

拉出器、拔销器、压力机、铜棒、手锤（铁锤、铜锤）、改锥（一字、十字）、扳手（呆扳手、梅花扳手、套筒扳手、活动扳手、测力扳手）、克丝钳。

（4）装配过程和要求

1）装配前的准备工作

① 研究和熟悉装配图的技术条件，了解产品的结构和零件的作用以及相互连接关系。

② 确定装配的方法程序和所需工具。

③ 清理和洗涤零件上的毛刺、铁屑、锈蚀、油污等脏物。

2）装配　按组件装配—部件装配—总装配的次序进行，并进行调整、试验、喷漆、装箱等步骤。

3）装配要求

① 装配时应检查零件是否合格，检查有无变形、损坏等。

② 固定连接的零部件不准有间隙，活动连接在正常间隙下灵活均匀地按规定方向运动。

③ 各运动表面润滑充分，油路必须畅通。

④ 密封部件装配后不得有渗漏现象。

⑤ 试车前，应检查各部件连接可靠性、灵活性，试车由低速到高速，根据试车情况进行调整达到要求。

（5）典型件的装配

1）滚珠轴承的装配　滚珠轴承的装配多数为较小的过盈配合。装配方法有直接敲入法、压入法和热套法。轴承装在轴上时作用力应作用在内圈上，装在孔里作用力应在外圈，同时装在轴上和孔内时作用力应在内外圈上。

2）螺钉、螺母的装配

① 螺纹配合应做到用手自由旋入，过紧咬坏螺纹，过松螺纹易断裂。

② 螺帽、螺母端面应与螺纹轴线垂直以便受力均匀。

③ 零件与螺帽、螺母的贴合面应平整光洁，否则螺纹容易松动，为了提高贴合质量可加垫圈。

④ 装配成组螺钉、螺母时，为了保证零件贴合面受力均匀应按一定顺序来旋紧，并且不要一次旋紧，要分两次或三次完成。

（6）拆卸工作要求

① 按其结构，预先考虑操作程序，以免先后倒置。

② 拆卸顺序与装配顺序相反。

③ 拆卸时合理使用工具，保证对合格零件不损伤。

④ 拆卸螺纹连接时辨明旋向。

⑤ 对轴类长件，要吊起来防止弯曲。

⑥ 严禁用铁锤等硬物敲击零件。

4.3 冲压工应会技能

4.3.1 冲裁技术

冲裁技术核心的分离工序是使冲压件与板料沿要求的轮廓线相互分离，并获得一定的断面质量。分离主要有落料、修边、冲孔等。冲裁的分离过程按其变形特点，可分为三个阶段：弹性变形阶段；塑性变形阶段；断裂阶段。

冲裁的分离涉及冲裁力，冲裁力是指材料分离时的最大抗剪能力。冲裁力是选择压力机吨位的重要依据，也是检验模具强度所必需的数据。减少冲裁力的办法有波浪刃口法、阶梯凸模法、分部冲裁法和加热冲裁法等。计算简单几何图形制件的冲裁力计算公式为

$$P = lt\delta_b$$

式中 P——冲裁力，N；

l——冲裁件周长，mm；

t——材料厚度，mm；

δ_b——材料抗拉强度，N/mm^2。

冲裁是利用冲模使材料分离的一种冲压工艺方法，冲裁件常见的质量缺陷主要有毛刺、制件表面翘曲不平、尺寸精度超差以及单边、少孔、垫废料等等。影响冲裁件尺寸精度超差的原因主要有以下几个方面原因：模具刃口尺寸制造超差；

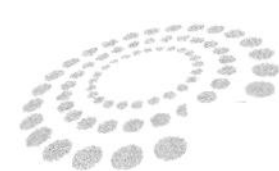

冲裁过程中的回弹；刃口磨损或调整不当；定位不准等。冲裁件产生毛刺的主要原因如下：

① 冲裁间隙过大、过小或不均匀。

② 模具刃口钝或崩刃。

③ 定位高度不当。

④ 模具的结构不当。

⑤ 冲裁状态不当。

⑥ 材料不符合工艺规定。

⑦ 制件工艺性差。

判断落料、修边、冲孔模等冲模的技术状态：

① 制件外观要符合技术要求，不允许存在过大的圆角、毛刺，小孔及二层亮带。

② 定位齐全，可靠无磨损。

③ 刃口锋利，表面无磨损。

④ 退料板和顶出器活动灵活可靠。

⑤ 导柱、衬套在工作中无声响，润滑良好。

⑥ 各紧固部分无松动，紧固件齐全。

⑦ 废料排除安全、畅通。

⑧ 厚板落料冲孔时声响正常。

4.3.2　弯曲技术

弯曲技术是将平直的毛坯或半成品用模具或其他工具弯曲成具有一定角度或一定形状制件的冲压方法。

影响最小弯曲半径的因素有：毛坯的力学性能；弯曲线与毛坯轧纹方向的夹角；板料表面和冲裁断面的质量；弯曲角的大小；板料宽度等。

制件翘曲不平的原因有：冲裁间隙大；凹模洞口有反锥；因制件结构形状产生翘曲；因材料内部应力产生翘曲；由于油、空气、杂物产生翘曲等。

弯曲件产生裂纹的原因有：材料塑性差；弯曲线与板料轧纹方向夹角不符合规定；弯曲半径过小；毛坯剪切和冲裁断面质量差；凸、凹模圆角半径磨损或间隙过小；润滑不合理；料厚尺寸严重超差；酸洗质量差等。

弯曲压弯成形件常见的质量缺陷主要有形状和制件尺寸与图纸不符，制件有

开裂、表面擦伤和扭曲等。

弯曲过程中的回弹现象是指弯载荷卸去后，制件弯曲角和弯曲半径发生变化而与模具尺寸不一致的现象。大于模具尺寸的叫正回弹，小于模具尺寸的叫负回弹。制件产生回弹主要与以下因素有关：

① 材料的力学性能，屈服比越大则回弹大。

② 材料的厚度，材料薄则回弹大。

③ 模具的间隙，间隙大则回弹大。

④ 拉伸垫压力，气压大则回弹大。

⑤ 托杆的长短。

⑥ 冲模及压力机的闭合高度调整深浅。

⑦ 制件的形状。

⑧ 制件的成形条件。

⑨ 模具技术状态。

压弯模冲模的技术状态根据以下因素判断：

① 制件表面无拉伤、划痕、皱纹、开裂、回弹或变形等缺陷。

② 工作部分平稳、光滑、无磨损，特别是圆角更应注意其光滑程度及有无棱线。

③ 定位齐全可靠，无磨损。

④ 压料板、顶出器活动灵活可靠。

⑤ 导柱衬套在工作中无声响，润滑良好。

⑥ 各紧固部分无松动，紧固件齐全。

⑦ 送毛坯或半成品及取出制件方便。

4.3.3 拉伸技术

拉伸技术是以平板毛坯通过模具制成筒形制件，或以筒形的半成品再制成筒形制件或其他空心件的冲压工艺方法。

拉伸件产品常见的质量缺陷主要有开裂、皱纹、缩颈、表面滑移线、表面磕碰伤、划伤等缺陷，尤其产生皱纹的原因主要有以下几个方面：压边力过小；压料面、凹模或拉伸筋磨损严重，间隙增大；润滑剂使用不合理；托杆高度不一致等。

拉伸件产生开裂主要有如下原因：

① 材料的塑性差。

② 材料的厚度超差。

③ 材料的表面质量差。

④ 冲模调整不当。

⑤ 冲模的技术状态不好。

⑥ 压边力过大。

⑦ 润滑剂使用不合理。

⑧ 工艺设计不当。

判断拉延、成形冲模的技术状态与 4.3.2 压弯模相同。

4.3.4　冲压件的检查方法

检查内容分别是自检、互检、专检和首件必检、中间抽检、末件必检。在生产前，首先由操作者认真检查冲模的技术状态及设备是否完好，待一切正常后方可生产。首件冲压后，认真进行自检并送检查员专检，经确认合格并经检查员同意后，方可进行正式生产。

检查内容主要有：制件是否有单边、短尺、斜尺、小孔、毛刺、开裂、皱纹，尺寸精度及制件平度、高度、角度等。

外观质量检查的项目：毛刺、压痕、凹坑、划伤、拉毛、折叠、星目、台阶不清、棱线错位、多肉、少肉等。

检查方法：对于外覆盖件的外观一般的检查方法有强光灯区检查法、抛光石打磨应用法、表面油漆处理检查法、检具测量等。对于尺寸精度需靠实测检查及用专用检具检查。

确保质量必须做到：不合格的原材料不投产；不合格的毛坯不加工；不合格的零件不装配；不合格的总成不装机；不合格的整机不出厂。

第5章 冲压工职业标准及鉴定要求

冲压工（初级）工作要求：

职业功能	工作内容	技能要求	相关知识要求
1. 材料与工艺准备	1.1 识图	1.1.1 能识读单工序冲压件零件视图 1.1.2 能识读单工序冲压件零件图技术要求	1.1.1 零件视图的表达方法 1.1.2 单工序冲压件零件图识读方法
	1.2 材料准备	1.2.1 能按照领料单领料 1.2.2 能根据要求下料	1.2.1 领料单识读方法 1.2.2 材料下料加工方法
	1.3 工艺准备	1.3.1 能识读单工序冲压件工艺卡 1.3.2 能按照工序卡选取工量具	1.3.1 冲压件工艺卡识读方法 1.3.2 工量具的选取方法
2. 模具安装与调试	2.1 模具安装	2.1.1 能使用手动叉车等常用吊装工具 2.1.2 能安装有导向的单工序模具	2.1.1 常用吊装工具的使用方法 2.1.2 有导向的单工序模具安装步骤
	2.2 模具调试	2.2.1 能调试有导向的单工序模具 2.2.2 能调试闭模高度	2.2.1 有导向的单工序模具调试技术 2.2.2 有导向的单工序模具闭模高度调试方法
3. 设备操作与产品加工	3.1 设备操作	3.1.1 能操作开式、闭式等常用压力机 3.1.2 能使用钩子、镊子、钳子、吸盘等常用工具	3.1.1 开式、闭式等常用压力机的操作步骤 3.1.2 常用手持操作工具的使用方法
	3.2 产品加工	3.2.1 能用单工序模具冲压加工零件 3.2.2 能对冲压零件进行去毛刺等后处理	3.2.1 单工序模具冲压加工零件方法 3.2.2 冲压零件后处理要求
4. 质量检测与分析	4.1 质量检测	4.1.1 能使用直尺、游标卡尺等常用量具检测冲压零件尺寸 4.1.2 能目测冲压零件的外观缺陷	4.1.1 直尺和游标卡尺等常用量具的使用方法 4.1.2 冲压零件质量识别方法
	4.2 质量分析	4.2.1 能根据检测结果判断冲压零件尺寸是否合格 4.2.2 能根据目测结果判断冲压零件外观是否合格	4.2.1 冲压零件的检测方法 4.2.2 冲压零件的外观情况识别方法
5. 维护与保养	5.1 设备维护与保养	5.1.1 能对冲压设备中的滑块、导轨等运动部位进行加注润滑油 5.1.2 能对冲压设备工作台等周边环境清洁 5.1.3 能进行设备日常维护与保养	5.1.1 油号及油标知识 5.1.2 油泵供油系统知识 5.1.3 设备日常维护与保养方法
	5.2 模具维护与保养	5.2.1 能对模具导向部位和工作部位进行加润滑油 5.2.2 能对模具进行日常维护与保养	5.2.1 加润滑油方法 5.2.2 进行日常维护与保养模具的要求

冲压工（初级）鉴定要求：

（1）职业概况

职业名称：冲压工。

职业定义：从事冲压机操作、调试、维护和保养，进行冲压加工的人员。

职业等级：本职业共设五个等级，分别为初级（国家职业资格五级）、中级（国家职业资格四级）、高级（国家职业资格三级）、技师（国家职业资格二级）、高级技师（国家职业资格一级）。

基本文化程度：初中毕业。

鉴定方式、鉴定时间：鉴定方式分为理论知识考试和专业能力考核。理论知识考试和专业能力考核采用闭卷或者上机考试的方式。理论知识考试和专业能力考核均实行百分制，成绩皆达 60 分及以上者为合格。理论知识考试为 90 分钟，专业能力考核时间初、中级为 120 分钟，高级为 150 分钟。

考评人员与考生配比：理论知识考试考评人员与考生配比为 1:20，每个标准教室不少于 2 名考评人员，专业能力考核配比为 1:5。

（2）基本要求

（2.2）基础理论知识

（2.2.1）职业道德

（2.2.2）职业道德基本知识

（2.2.3）职业守则

① 遵守法律、法规和有关规定。

② 爱岗敬业，具有高度的责任心。

③ 严格执行工作程序、工作规范、工艺文件和安全操作规程。

④ 工作认真负责，团结合作。

⑤ 爱护设备及工具、夹具、刀具、量具。

⑥ 着装整洁，符合规定；保持工作环境清洁有序，文明生产。

（2.3）专业基础知识：

（2.3.1）基础知识

① 常用的数学计算。

② 常有几何图形面积计算。

③ 常有几何体表面积和体积计算。

④ 法定计量单位及其换算

⑤ 计算机基础知识。

⑥ 专业英语基础。

（2.3.2）机械基础知识

① 常用工具、夹具、量具使用与维护知识。

② 公差与配合。

③ 形状与位置公差。

④ 表面粗糙度。

⑤ 识图知识。

⑥ 金属材料的特性及热处理的知识。

⑦ 机械传动知识。

⑧ 气动及液压传动知识。

⑨ 机电控制知识。

（2.3.3）冲压加工基础知识

① 冲压加工常用材料的特性及质量要求。

② 黑色金属材料的基本知识。

③ 有色金属材料的基本知识。

④ 剪切和冲裁的冲压加工方法（含冲裁分类，间隙、冲裁力和功的计算，材料的利用，模具结构的要求等）。

⑤ 拉深的冲压加工方法（含不同形状的产品拉深工艺要求，拉深过程问题处理方法，拉深模具结构的要求等）。

⑥ 弯曲、变形和翻边的冲压加工方法（含弯曲、变形和翻边材料的计算方法，产品加工的工艺要求，加工过程问题处理方法，模具结构的要求等）。

⑦ 冲压模具结构知识。

⑧ 冲压模具结构安全要求。

⑨ 冲压模具安装技术要求。

⑩ 冲压成型设备的安全要求。

⑪ 冲压成型设备操作的技术要求。

⑫ 冲压加工产品的检测知识。

⑬ 冲压设备的维护和保养要求。

（2.3.4）电工知识

① 通用设备常用电器的种类及用途。

② 安全用电知识。

（2.3.5）安全文明生产与环境保护知识

① 现场文明生产要求。

② 安全操作与劳动保护知识。

③ 环境保护知识。

（2.3.6）质量管理知识

① 企业的质量方针。

② 岗位的质量要求。

③ 岗位的质量保证措施与责任。

（2.3.7）相关法律、法规知识

① 劳动合同法相关知识。

② 知识产权保护法的相关知识。

（3）鉴定内容

（3.1）理论知识鉴定内容

项目	鉴定范围	鉴定内容	鉴定比重
基础知识（5%）	职业道德	职业道德的基本内涵 员工对职业道德的要求 爱岗敬业的基本要求 安全生产方针安全文明生产要求	5%
专业技能知识（65%）	冲压材料基础知识	常用材料的特性及质量要求 黑色和有色金属材料的基本知识	10%
	冲压工艺知识	冲压加工常用材料的计算方法 冲压加工操作工艺	15%
	冲压操作基础知识	冲压工操作安全防护知识 冲压机安全操作要求	30%
	冲压产品检测知识	冲压产品质量要求 冲压产品检测方法	10%
相关知识（30%）	冲压加工相关专业	冲压加工辅助送退料专业知识	10%
	冲压成型工艺对模具结构的要求	冲压成型工艺知识 冲压成型工艺对模具结构的安全要求	10%
	设备与模具维修要求	冲压成型设备维修和保养知识 冲压模具维修和保养知识	10%

（3.2）专业能力鉴定内容

项目	鉴定范围	鉴定内容	鉴定比重
技能要求（100%）	操作准备	正确穿戴劳动保护用品，准备好辅助用具 熟悉设备的性能、结构，正确掌握各种开关（按钮）及仪器的使用方法	10%

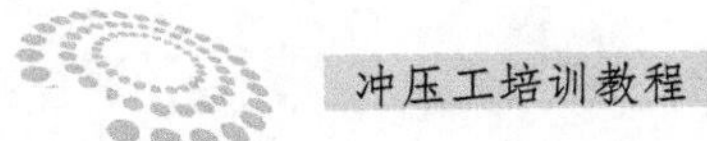

续表

项目	鉴定范围	鉴定内容	鉴定比重
技能要求（100%）	操作准备	检查机床的润滑系统、机械（送料）系统、安全防护罩是否处于良好状态 操作前检验原料是否正确	10%
	开机和调机	正确启动开关按钮，空机试运行操作 调整好机床的闭合高度，同时调试好辅助送料装置	10%
	模具调试	对安装好的模具，使用前检查上下模之间有无杂物 调整好模具的闭合高度 调整好定位装置 润滑好模具	15%
	操作过程	冲压操作时，应先空机试冲 机床无异常后，试冲数件，检验合格后，方可正常操作 手动操作时，应使用钩子、镊子、水磁吸盘等工具作业，严禁用手直接操作，要及时清除卡料、废料 自动或半自动操作时，应及时调整好送退料装置 设备或模具故障时，应及时停机，切断电源，严禁违章冒险操作	30%
	操作结束	操作结束，应停机并切断电源，清理设备和模具；产品按要求摆放 辅助设备按要求停放，工具、量具规类并摆放整齐 若是换班，做好交接班的记录	15%
	产品检测	按图纸的要求，使用相关的量具（常用游标卡尺或千分尺等）检测产品 对不合格产品，能按要求处理	10%
	设备和模具维护	设备按要求做好日常和定期维护保养工作 模具按要求做好日常和定期维护保养工作	10%

第6章 冲压工（初级）理论知识考核

6.1 冲压工（初级）理论知识鉴定要素细目表

行为领域	鉴定范围	代码	鉴定点	重要程度
基础知识 A	机械基础知识	001	常用的数学计算	X
		002	常用几何图形面积计算	X
		003	常用几何体表面积的计算	X
		004	常用几何体积计算	X
		005	常用的法定计量单位	X
		006	法定计量单位的换算	X
		007	机械识图基本知识	X
		008	公差与配合的基本概念	X
		009	公差与配合的标准知识	X
		010	公差与配合的标注方法	X
		011	形状公差的基本概念	X
		012	位置公差的基本概念	X
		013	形状公差的标注方法	X
		014	位置公差的标注方法	Y
		015	表面粗糙度的基本概念	X
		016	表面粗糙度的标注方法	X
		017	黑色金属材料的基本知识	X
		018	有色金属材料的基本知识	X
		019	常用非金属材料知识	X
		020	气动系统的工作机构	Y
		021	常用金属材料热处理知识	X
		022	常用工具的种类	X
		023	常用操作工具分类方法	X
		024	工具的使用或操作方法	X
		025	量具分类知识	X
		026	量具使用或操作方法	X

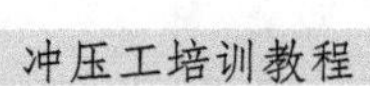

续表

行为领域	鉴定范围	代码	鉴定点	重要程度
基础知识 A	机械基础知识	027	夹具分类知识	X
		028	常用夹具使用或操作方法	X
		029	机械传动原理	Y
		030	常见的机械带传动	X
		031	常见的机械链传动	X
		032	常见的机械上齿轮传动	X
		033	常见的机械上螺旋传动	Z
		034	液压传动的组成	Y
		035	液压传动的原理	Z
		036	液压传动的工作要求	X
专业知识 B	冲压加工工艺与模具基础知识	001	冲压常用材料的特性	X
		002	冲压常用材料的性能	X
		003	冲压加工的概念	X
		004	冲压加工的分类	X
		005	压力机的结构组成	Y
		006	压力机的种类	X
		007	压力机的工作原理	Y
		008	压力机的主要技术参数	X
		009	冲裁加工分类	X
		010	冲裁件的质量要求	X
		011	单工序冲裁落料模具结构组成	X
		012	单工序冲裁冲孔模具结构组成	X
		013	弯曲变形的特点	X
		014	弯曲件毛坯展开尺寸的计算	X
		015	V 形弯曲模具结构组成	X
		016	U 形弯曲模具结构组成	X
		017	单工序拉深变形的特点	Y
		018	单工序拉深模具结构组成	Y
	设备操作与产品加工知识	001	模具零部件结构组成	X
		002	模柄的种类	Y
		003	凸模结构分类	Y
		004	凸模固定方法	Y
		005	凹模结构分类	Y
		006	凹模固定方法	Y
		007	送料装置结构	X
		008	调整送料装置的方法	X
		009	定位装置结构	X
		010	调整定位装置的方法	X

续表

行为领域	鉴定范围	代码	鉴定点	重要程度
专业知识 B	设备操作与产品加工知识	011	退料装置结构	X
		012	调整退料装置的方法	X
		013	吊装模具的工具种类	X
		014	机械式手动吊装工具的使用	X
		015	液压式手动吊装工具的使用	X
		016	电动式吊装工具的使用	X
		017	模具的吊装要求	X
		018	模具的吊装方法	X
		019	单工序模具在设备上安装步骤	X
		020	单工序模具在设备上调试步骤	X
		021	模具在设备上安装常见问题	X
		022	模具在设备上调试的常见问题	X
	冲压加工安全生产知识	001	冲压生产常见工伤事故的分类	X
		002	冲压生产的常见工伤事故	Y
		003	冲压生产的行为危险因素	X
		004	冲压生产常见工伤事故产生的原因	X
		005	防止工伤产生的主要措施	X
		006	工伤事故的处理方法	X
		007	冲压操作前劳保用品准备	X
		008	冲压操作前的工、量具准备	X
		009	操作设备的型号规格和性能	X
		010	设备开关按钮和仪器仪表的作用	X
		011	操作各种开关按钮的方法	X
		012	压力机安全按钮的操作方法	X
		013	脚踏板的操作方法	X
		014	检查冲床离合器按钮部分	X
		015	检查冲床转动部位的润滑	X
		016	检查冲压拉杆操纵机构	X
		017	检查冲压机运行情况	X
		018	检查模具安装的情况	Z
		019	检查设备必备的安全装置	X
		020	机械防护罩式安全保护装置使用	X
		021	机械防拨手式安全保护装置使用	X
		022	机械防拉手式安全保护装置使用	X
		023	辅助安全保护装置使用	X
		024	冲压设备的技术参数调整	X
		025	冲压机操作步骤	X
		026	手动安全操作要求	X

续表

行为领域	鉴定范围	代码	鉴定点	重要程度
专业知识 B	冲压加工安全生产知识	027	正确选定手用工具	X
		028	常用夹持式手用工具的操作	X
		029	常用吸盘式手用工具的操作	X
		030	手动安全操作常见的问题	X
		031	手动安全操作常见的问题解决方法	X
		032	清除废料及杂物用的专用工具	X
		033	暂时离机或清理冲模的关机操作	X
		034	设备出现故障的及时停机操作	X
		035	模具现故障的及时停机操作	X
		036	停机操作步骤	X
		037	清理工作现场及交接班手续	Y
		038	圆形类冲裁件加工方法	X
		039	方形类冲裁件加工方法	X
		040	V 形类弯曲件加工方法	X
		041	U 形类弯曲件加工方法	X
		042	圆筒形件的拉深加工方法	X
		043	锥形件的拉深加工方法	Y
	冲压产品检测知识	001	钢尺的使方法	Y
		002	游标卡尺的结构分类与组成	X
		003	游标卡尺的使用方法	X
		004	千分尺的结构分类与组成	X
		005	千分尺的使用方法	X
		006	冲裁件的测量方法	X
		007	弯曲件的测量方法	Y
		008	常用量具使用注意事项	X
		009	检测量具的维护和保养	X
	设备与模具维护要求	001	冲压设备日常保养	X
		002	机械传动系统保养	X
		003	电系系统保养	Y
		004	安全保护系统保养	Y
		005	冲压模具日常保养	X
专业相关知识 C	钳工知识	001	划线知识	X
		002	钳工操作知识（锉）	Z
		003	钳工操作知识（锯）	Z
		004	钳工操作知识（钻）	X
		005	钳工操作知识（攻螺纹）	Y
	电工知识	001	常用电器开关的种类及用途	Y
		002	电工基础知识	Z

续表

行为领域	鉴定范围	代码	鉴定点	重要程度
专业相关知识 C	电工知识	003	电器开关的工作原理	Z
		004	安全用电知识	X
	安全知识	001	安全文明生产的环境要求	X
		002	设备与模具安全生产要求	X
		003	安全生产的危险标志、安全装置等	X
		004	遵守安全操作规程	X
	相关法律法规知识	001	劳动法相关知识	Y
		002	劳动合同法相关知识	X
		003	环境保护法相关知识	Z

6.2　冲压工（初级）理论知识试题

6.2.1　选择题

每题有三个选项，只有一个正确，将正确的选项填入括号内。

1. 常用数学计算中，符号%的含义是（　　）。

（A）等号　　（B）小数点　　（C）百分比

2. 常用数学计算中，符号“±”的含义是（　　）。

（A）正负号　　（B）成正比　　（C）百分比

3. 常用数学计算中，符号“≥”的含义是（　　）。

（A）比较号　　（B）大于等于　　（C）小于等于

4. 常用几何图形面积计算中等边三角形的面积计算是（　　）。

（A）任意边长乘以高除以 2

（B）边长乘以边长除以 2

（C）边长乘以边长

5. 常用几何图形面积计算中等腰三角形的面积计算是（　　）。

（A）底边乘以高除以 3

（B）底边乘以高除以 2

（C）斜边乘以高

6. 常用几何图形面积计算中长方形的面积计算是（　　）。

（A）长乘以长　　（B）长乘以长除以 2　　（C）长乘以宽

7. 常用几何体正方体的表面积计算是（　　）。

（A）边长乘以边长乘以 6

（B）边长乘以边长乘以 4

（C）边长乘以边长除以 4

8. 常用几何体圆柱体的表面积计算是（　　）。

（A）底面圆周长×圆柱体高与底面积×2 的和

（B）底面圆周长×圆柱体高与底面积的和

（C）底面圆半径×圆柱体高与底面积的和

9. 常用几何体圆锥体的表面积计算是（　　）。

（A）底面积与侧表面积之差乘以 2

（B）底面积与侧表面积之差

（C）底面积与侧表面积之和

10. 常用几何体积长方体的体积计算是（　　）。

（A）长与宽的和乘以高除以 2

（B）长与宽的和乘以高

（C）长乘以宽乘以高

11. 常用几何体积圆柱体的体积计算是（　　）。

（A）底面积乘以圆柱体高乘以 2

（B）底面积与侧表面积之和

（C）底面积乘以圆柱体高

12. 常用几何体积圆锥体的体积计算是（　　）。

（A）底面积与侧表面积之和

（B）底面积乘以圆锥体高除以 3

（C）底面积乘以圆锥体高

13. 常用的国际单位制中有具有专门名称的导出单位和国家选定的（　　）。

（A）常用单位　　（B）辅助单位　　（C）非国际单位制单位

14. 常用的国际单位制中的基本（　　）单位中，米的单位符号 m。

（A）质量　　（B）长度　　（C）时间

15. 常用的国际单位制中的基本单位质量的单位名称是（　　）。

（A）斤　　（B）吨　　（C）公斤

16. 法定计量单位的换算中，长度法定计量的单位换算是（　　）。

（A）1m=100mm　　（B）1m=1000mm　　（C）1m=0.254 英寸

17. 法定计量单位的换算中，压力法定计量的单位换算是（　　）。

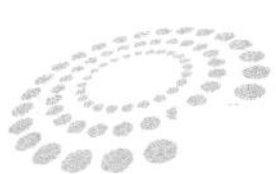

（A）1KPa=10N/m²　　（B）1KPa=100N/m²　　（C）1KPa=1000N/m²

18. 法定计量单位的换算中，质量法定计量的单位换算是（　　）。

（A）1kg=500g　　（B）1kg=1000g　　（C）1N=0.1kgf

19. 机械识图基本知识中，三视图分别是主视图、左视图、（　　）。

（A）投影图　　（B）半剖视图　　（C）俯视图

20. 机械识图基本知识中，零件三视图的投影规律是长对正、高平齐和（　　）。

（A）宽相等　　（B）垂直　　（C）平行

21. 机械识图基本知识中，在机械制造过程用于加工零件的图样是（　　）。

（A）零件图　　（B）主视图　　（C）剖视图

22. 公差与配合的基本概念中，互换性是机械产品的基本技术，按（　　）进行生产，给产品的制造和维修带来很大的方便。

（A）经济原则　　（B）技术原则　　（C）互换性原则

23. 公差与配合的基本概念中，要使零件具有（　　）就必须保证零件几何参数的准确性。

（A）相似性　　（B）经济性　　（C）互换性

24. 加工误差是零件加工后（　　）所产生的差异。

（A）位置公差　　（B）几何参数　　（C）尺寸误差

25. 公差与配合的标准知识中，（　　）配合分为三类：间隙配合、过渡配合、过盈配合。

（A）基准制　　（B）基孔制　　（C）基轴制

26. 平面划线只需要在工件的一个（　　）划线后即能明确表示加工界线的方法。

（A）表面上　　（B）垂直面上　　（C）平行面上

27. 立体划线是在工件上几个互成同角度（通常是互相垂直）的表面上都划线，才能明确表示（　　）的方法。

（A）垂直划线　　（B）平行划线　　（C）加工界线

28. 公差与配合的标注方法中，上偏差应注在（　　）的右上方。

（A）基本形状　　（B）基本尺寸　　（C）基本图样

29. 公差与配合的标注方法，上、下偏差的（　　）必须对齐，小数点后的位数必须相同。

（A）小数点　　（B）整数　　（C）虚数

30. 公差与配合的标注方法，小数后不起作用的零可不写，但当需要（　　）补位，使小数点后的位数相同除外。

（A）用虚数　　（B）用分数　　（C）用零

31. 形状公差的基本概念中，理想要素是具有（　）的绝对正确的要素。

（A）几何意义　　（B）物理意义　　（C）实际意义

32. 形状公差的基本概念中，实际要素是零件上实际存在的由（　）的要素。它通常由测量得到的要素代替。

（A）自然形成　　（B）加工形成　　（C）实际形成

33. 形状公差的基本概念中，实际要素是在图样上给出形状和位置（　）的要素。

（A）形状　　（B）尺寸　　（C）公差

34. 位置公差的基本概念中，圆度是限制实际圆对理想圆（　）的一项指标。

（A）变动量　　（B）移动量　　（C）窜动量

35. 位置公差的基本概念中，（　）公差带是半径差为公差值 t 的两同轴圆柱面之间的区域，它用于限制圆柱表面的综合形状误差。

（A）圆锥度　　（B）圆柱度　　（C）圆度

36. 位置公差的基本概念中，（　）是限制实际曲面对理想曲面变动量的一项指标。

（A）圆锥度　　（B）圆柱度　　（C）面轮廓度

37. 形状公差的标注方法中，形位公差代号有形位公差（　）、形位公差框格和指引线、形位公差数值和其他有关符号、基准代号。

（A）特征符号　　（B）定位符号　　（C）公差符号

38. 形状公差的（　）方法主要有被测要素的标注方法和基准要素的标注方法。

（A）标称　　（B）标注　　（C）标牌

39. 形状公差的标注方法中，（　）由基准符号、圆圈、连线和字母组成，无论基准的方向如何，字母都应水平书写。

（A）标准代号　　（B）标牌代号　　（C）基准代号

40. 位置公差的标注中，（　）在进行检验时，判断是否合格就必须确定形位公差和尺寸公差关系。

（A）零件　　（B）部件　　（C）器件

41. 位置公差的标注中，确定和处理形位公差和尺寸公差之间的原则称为（　）。

（A）经济原则　　（B）公差原则　　（C）通用原则

42. 位置公差的标注中，（　）的实效尺寸是最大实体尺寸与形状公差值的综合。

（A）最小极限　　（B）单一要素　　（C）最小实体

43. 表面粗糙度是指零件被加工表面上具有的较小间距和峰谷组成的（　　）几何形状误差。

（A）微观　　（B）宏观　　（C）客观

44. 表面粗糙度一般是由所（　　）的加工方法和其他因素形成的。

（A）试用　　（B）采用　　（C）调用

45. 表面粗糙度虽然是十分微小的（　　），但它与零件的耐磨性、配合性质和耐腐蚀性等均有密切关系。

（A）加工条件　　（B）加工硬度　　（C）加工痕迹

46. 表面粗糙度（　　）的标注由基本符号、表面粗糙度参数及值、取样长度、加工要求、加工纹理方向符号和余量组成。

（A）标号　　（B）记号　　（C）代号

47. 表面粗糙度的符号 f 是粗糙度间距（　　）值（单位 mm）。

（A）数据　　（B）参数　　（C）条件

48. 在（　　）中，表面粗糙度应标注在轮廓线上、尺寸界线或其延长线上，必要时可标注在指引线上。

（A）图样　　（B）图幅　　（C）图标

49. 黑色金属材料钢的平均合金含量＜15%时，在牌号中只标出元素（　　），不注含量。

（A）质量　　（B）含量　　（C）符号

50. 黑色金属材料 T8MnA 钢材，符号中 T 代表碳素（　　），8 代表含碳量，Mn 代表锰元素，A 代表质量等级。

（A）工具钢　　（B）不锈钢　　（C）结构钢

51. 黑色金属材料按照金属材料（　　）的规定，生产厂家应该进行检验并保证检验结果符合规定要求。

（A）生产条件　　（B）技术条件　　（C）保证条件

52. 有色金属材料的分类方法有按（　　）、储量和分布情况、化学成分、生产方法及用途分类。

（A）密度　　（B）黏度　　（C）精度

53. 有色金属材料中的（　　）指矿源少、开采和提取比较困难，价格比一般金属贵的金属，如金、银和铂族元素及其合金。

（A）稀有金属　　（B）贵金属　　（C）有色重金属

54. 有色金属材料中，铸造有色合金指直接以（　　）生产的各种形状有色金属材料及机械零件。

（A）压延方式　　（B）成型方式　　（C）铸造方式

55. 常用非金属材料陶瓷具有资源丰富、价格低廉的优点，其最大缺点是性脆、抗弯（　　）、易崩刃。

（A）强度低　　（B）强度高　　（C）硬度差

56. 常用（　　）陶瓷材料适用于精加工、半精加工，不适用于冲击力大的断续切削。

（A）金属　　（B）非金属　　（C）有色金属

57. 常用非金属材料人造金刚石是一种（　　）的同素异形体。

（A）铜　　（B）钢铁　　（C）碳

58. 气动工作机构中，（　　）按其能源形式分为气动、电动和液动三大类。

（A）执行器　　（B）控制器　　（C）调节器

59. 气动工作机构中，气动执行（　　）俗称气动头，又称气动执行器。

（A）机械　　（B）机构　　（C）设备

60. 气压传动系统是以气体为工作介质来（　　）动力，把气体的压力能转换成机械能。

（A）连接　　（B）触发　　（C）传递

61. 常用金属材料（　　）就是将固态金属或合金采用适当的方式进行加热等处理，获得所需组织结构的工艺。

（A）热处理　　（B）渗碳处理　　（C）淬火处理

62. 常用金属材料热处理就是将（　　）金属或合金采用适当的方式进行加热等处理，获得所需组织结构的工艺。

（A）液态　　（B）固态　　（C）气态

63. 常用金属材料热处理就是将固态金属或合金采用适当的方式进行加热、保温和冷却以获得所需组织结构的（　　）。

（A）工况　　（B）工装　　（C）工艺

64. 常用（　　）的种类分为手动工具、电动工具、气动工具、焊接设备和磨料磨具等。

（A）工具　　（B）吊具　　（C）制具

65. 常用操作工具分为（　　）、电动工具、气动工具、焊接设备和磨料磨具。

（A）电工工具　　（B）手动工具　　（C）气动工具

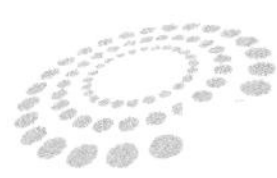

66. 常用操作工具分为手动工具、（　　）、气动工具、焊接设备。
（A）电工工具　　（B）手动工具　　（C）电动工具

67. 常用（　　）分类方法中，手动工具涵盖的种类很多，有扳手类、钳子类、螺丝刀类等。
（A）操作工具　　（B）电动工具　　（C）自动工具

68. 常用手动工具种类很多，有（　　）、钳子类、螺丝刀类、套筒类、切削类、组套类等。
（A）电动类　　（B）扳手类　　（C）气动类

69. 常用手动工具种类很多，有常规手动工具，还有套筒、切削、组套及辅助类等，每种类别均有不同的型号。
（A）电工类　　（B）木工类　　（C）常规类

70. 工具的使用中，（　　）是一种用以拧紧或旋松各种尺寸的槽形机用螺钉、木螺丝以及自攻螺钉的手工工具。
（A）螺丝刀　　（B）尖嘴钳　　（C）电烙铁

71. 工具的使用中，螺丝刀是一种用以拧紧或旋松各种尺寸的槽形机用螺钉、木螺丝以及自攻螺钉的（　　）。
（A）电工工具　　（B）手工工具　　（C）焊工工具

72. 螺丝刀也称为旋凿、改锥，是一种用以拧紧或旋松各种尺寸的槽形机用螺钉、（　　）以及自攻螺钉的手工工具。
（A）螺母　　（B）螺丝　　（C）木螺丝

73. （　　）是一种在使用时具有固定形态，用以复现或提供给定已知量值的器具。
（A）量具　　（B）量值　　（C）量杯

74. 量具是一种在使用时具有（　　）形态，用以复现或提供给定量值的器具。
（A）收缩　　（B）固定　　（C）膨胀

75. 量具是一种在使用时具有固定形态，用以复现或提供（　　）的一个或多个已知量值的器具。
（A）未知量　　（B）运动量　　（C）给定量

76. 量具在（　　）过程中，不要和工具以及刀具如锉刀、车刀和钻头等堆放在一起，以免碰伤量具。
（A）使用　　（B）占用　　（C）挪用

77. 量具在使用过程中，（　　）和工具以及刀具如锉刀、车刀和钻头等堆放在一起，以免碰伤量具。

（A）随意　　　　（B）不要　　　　（C）可以

78. 量具在使用过程中，不要和工具、刀具如锉刀、车刀和钻头等（　　）在一起，以免碰伤量具。

（A）损坏　　　　（B）砸坏　　　　（C）堆放

79. 夹具按使用（　　）可分为万能通用、专用、可调和组合夹具。

（A）特点　　　　（B）方法　　　　（C）效果

80. 夹具按使用特点可分为万能（　　）、专用、可调和组合夹具。

（A）微型　　　　（B）通用　　　　（C）一般

81. 夹具种类按使用特点可分为万能通用、专用、（　　）和组合夹具。

（A）叠式　　　　（B）复合　　　　（C）可调

82. 常用（　　）通常由定位元件、夹紧装置、对刀引导元件、分度装置、连接元件以及夹具体等组成。

（A）夹具　　　　（B）夹板　　　　（C）夹套

83. 常用夹具通常由定位元件、夹紧装置、对刀（　　）、分度装置、连接元件以及夹具体等组成。

（A）支撑元件　　　　（B）引导元件　　　　（C）分立元件

84. 常用夹具通常由定位元件、夹紧装置 、对刀引导元件、分度装置、（　　）以及夹具体等组成。

（A）支撑元件　　　　（B）引导元件　　　　（C）连接元件

85. 机械（　　）在机械工程中应用非常广泛，主要是指利用机械方式传递动力和运动。

（A）传动　　　　（B）移动　　　　（C）拖动

86. 机械传动在机械工程中应用非常广泛，主要是指（　　）机械方式传递动力和运动。

（A）应用　　　　（B）利用　　　　（C）使用

87. 机械传动在机械工程中应用非常广泛，主要是指利用机械方式（　　）动力和运动。

（A）传导　　　　（B）传输　　　　（C）传递

88.（　　）是利用张紧在带轮上的柔性带进行运动或动力传递的一种机械传动。

（A）带传动　　　　（B）带轮　　　　（C）从动轮

89. 带传动是利用张紧在带轮上的（　　）进行运动或动力传递的一种机械传动。

（A）结束带　　　　（B）柔性带　　　　（C）安全带

90. 带传动是（　　）张紧在带轮上的柔性带进行运动或动力传递的一种机械传动。
(A) 专用　(B) 作用　(C) 利用

91. （　　）是通过链条将具有特殊齿形的主动链轮的运动和动力传递到具有特殊齿形的从动链条的一种传动。
(A) 链传动　(B) 齿轮传动　(C) 带轮传动

92. 链传动是通过链条将具有特殊齿形的（　　）链轮的运动和动力传递到具有特殊齿形的从动链条的一种传动。
(A) 被动　(B) 主动　(C) 移动

93. 链传动是通过链条将具有特殊齿形的主动链轮的运动和动力（　　）到具有特殊齿形的从动链条的一种传动。
(A) 传导　(B) 传出　(C) 传递

94. 齿轮传动（　　）是指轮缘上有轮齿，连续啮合传递运动和动力的机械元件。
(A) 齿轮　(B) 齿条　(C) 涡轮

95. 常见的机械上齿轮传动中，齿轮是指轮缘上有轮齿，连续（　　）传递运动和动力的机械元件。
(A) 连接　(B) 啮合　(C) 传送

96. 随着生产的发展，齿轮运转的（　　）受到重视，在机械传动及整个机械领域的应用极其广泛。
(A) 适用性　(B) 经济性　(C) 平稳性

97. （　　）是靠螺旋与螺纹牙面旋合实现回转运动与直线运动转换的机械传动。
(A) 螺旋传动　(B) 链传动　(C) 皮带传动

98. 螺旋传动是靠螺旋与螺纹牙面旋合实现回转运动与直线运动（　　）的机械传动。
(A) 转移　(B) 转换　(C) 调换

99. 螺旋传动按照在机械中的（　　）可以分为传力、传导、调整螺旋传动。
(A) 间隙　(B) 比例　(C) 作用

100. 液压传动系统一般由（　　）元件、执行元件、控制元件、辅助元件和传动介质组成。
(A) 动力　(B) 电力　(C) 浮力

101. 在液压系统中，（　　）是动力元件，是液压系统的重要组成部分。
(A) 液压缸　(B) 液压泵　(C) 液压阀

102. 液压泵俗称油泵，是将电动机或其他原动机输出的（　　）转换为油液的压

力能的能量转换装置。

（A）化学能　（B）太阳能　（C）机械能

103. 液压传动系统是以液体为工作介质来（　）动力，它包括液压传动和液力传动。

（A）传递　（B）输送　（C）传动

104. 液压传动系统是以液体为工作介质来传递动力，它包括（　）传动和液力传动。

（A）气压　（B）液压　（C）电压

105. 液压传动系统中，油液的（　）是由于受到各种形式负载的挤压而产生的，其大小决定于负载，并随负载变化而变化。

（A）容积　（B）流量　（C）压力

106. 液压传动的（　）是液压传动系统必须满足系统所驱动的工作部件在力和速度方面的要求。

（A）工作要求　（B）工作部件　（C）工作内容

107. 液压传动的工作要求是液压传动系统必须满足系统所（　）的工作部件在力和速度方面的要求。

（A）联动　（B）驱动　（C）带动

108. 液压传动的工作要求液压传动系统必须满足系统所驱动的工作部件在力和（　）方面的要求。

（A）重量　（B）质量　（C）速度

109. 冲压常用材料按照（　）可分为两类，其中一类是特征性能，属于材料本身固有的性质。

（A）性能　（B）特点　（C）特征

110. 冲压常用材料按照性能分类的一种是（　），指在一定条件和一定限度内对材料施加某种作用时，通过材料将这种作用转化为另一形式功能的性质。

（A）耐热性能　（B）功能物性　（C）耐磨性能

111. 冲压常用材料的功能物性指在一定条件和一定限度内对材料施加某种（　）时，通过材料将这种作用转化为另一形式功能的性质。

（A）施加　（B）调节　（C）作用

112. 冲压常用材料一般应该具有一定强度、刚度、冲击韧性等力学性能。

（A）强度　（B）硬度　（C）精度

113. 冲压用（　）的表面和内在性能对冲压成品的质量影响很大。

（A）条料　　（B）板料　　（C）卷料

114. 对于冲压材料，要求（　　）精确、均匀。冲压用模具精密、间隙小，板料厚度过大会增加变形力，造成卡料甚至将凹模胀裂。

（A）长度　　（B）宽度　　（C）厚度

115. 冲压加工是利用安装在（　　）上的模具，对板料施加压力，使得板料在模具里产生变形或者分离，从而获得一定形状、尺寸和性能的产品零件的生产技术。

（A）压力机　　（B）注塑机　　（C）压铸机

116. 冲压加工是利用安装在压力机上的（　　），对板料施加压力，使得板料在模具里产生变形或者分离，获得一定形状、尺寸和性能的产品零件的生产技术。

（A）模板　　（B）模具　　（C）模架

117. 冲压加工成形（　　）的目的是使板料在不破坏的条件下发生塑性变形，制成所需形状和尺寸的工件。

（A）工具　　（B）工装　　（C）工序

118. 冲压加工生产中的工序可以分为（　　）工序和变形工序两大类 。

（A）分离　　（B）变形　　（C）冲孔

119. 冲压加工工序中，把板料沿直线弯成各种形状，加工形状比较（　　）的零件是弯曲工序。

（A）简单　　（B）复杂　　（C）精密

120. 冲压加工工序中，将成形（　　）的边缘修切整齐或者切成一定形状的是切边工序。

（A）机器　　（B）设备　　（C）零件

121. 压力机的刹车操作系统一般由（　　）、制动器和控制装置组成。

（A）离合器　　（B）控制器　　（C）调速器

122. 压力机传动系统通常包括（　　）和齿轮传动。

（A）链传动　　（B）带传动　　（C）涡轮传动

123. 压力机的（　　）一般由顶件装置、安全装置、保护装置和润滑系统组成。

（A）能源系统　　（B）操作系统　　（C）辅助系统

124. 压力机按照滑块运动方式分类有单动、（　　）、三动等压力机。

（A）复动　　（B）多动　　（C）五动

125. 压力机按照（　　）驱动力可分为机械式与液压式两种。

（A）曲轴　　（B）滑块　　（C）滑柄

126. 压力机中一滑块的单动冲床使用最多，复动及三动冲床主要使用在汽车车体及大型加工件的（　）。

（A）弯曲加工　　（B）冲裁加工　　（C）引伸加工

127. 压力机的工作原理是电动机转动的（　　），通过机械传动给曲轴。

（A）能量　　（B）传动　　（C）转速

128. 压力机的整个（　　）内进行冲压的时间很短，大部分时间为无负荷空程运行。

（A）工作原理　　（B）工作周期　　（C）工作压力

129. 压力机的整个工作周期内进行冲压的（　　）很短，大部分时间为无负荷空程运行。

（A）距离　　（B）行程　　（C）时间

130. 压力机的主要技术参数中，滑块在离（　　）前，公称压力行程参数确定的特定距离，允许承受最大工作压力。

（A）下止点　　（B）上止点　　（C）拐点

131. 压力机的主要技术参数中，滑块从上止点到下止点所经过的（　　）称为滑块行程。

（A）行程　　（B）距离　　（C）次数

132. 压力机的主要技术参数中，滑块行程（　　）是滑块每分钟往复运动的次数，也就是每分钟生产工件的个数。

（A）压力　　（B）距离　　（C）次数

133. 利用（　　）在冲床上使板料沿一定的封闭曲线分离的工序称为冲裁。

（A）冲裁模具　　（B）弯曲模具　　（C）拉伸模具

134. 冲裁可以分为（　　）和落料，落料是用冲裁模沿封闭曲线冲切，封闭线内是制件，封闭线外是废料。

（A）分离　　（B）冲孔　　（C）拼装

135. 冲裁可以分为冲孔和落料，（　　）是用冲裁模沿封闭曲线冲切，封闭线内是制件，封闭线外是废料。

（A）冲切　　（B）加工　　（C）落料

136. 冲裁件的（　　）是冲裁件的实际尺寸应保证在图样公差范围内，并且具有良好的断面质量。

（A）质量要求　　（B）尺寸要求　　（C）精度要求

137. 冲裁件的质量要求是冲裁件的实际（　　）应保证在图样公差范围内，并且具有良好的断面质量。

（A）端面　（B）尺寸　（C）距离

138. 冲裁件的质量要求是冲裁件具有良好的断面（　　），无明显毛刺。

（A）形状　（B）重量　（C）质量

139. 单工序冲裁（　　）一般由敞开模具、导板模具、导柱模具等组成。

（A）落料模具　（B）弯曲模具　（C）切断模具

140. 单工序冲裁落料模具一般由（　　）、导板模具、导柱模具等组成。

（A）冲孔模具　（B）敞开模具　（C）切断模具

141. （　　）冲裁落料模具一般由敞开模具、导板模具、导柱模具等组成。

（A）多工序　（B）复合工序　（C）单工序

142. 单工序冲裁（　　）的结构类似落料模，特别是冲小孔模具，必须考虑凸模的强度和刚度。

（A）冲孔模具　（B）切口模具　（C）导柱模具

143. 单工序冲裁冲孔模具结构类似落料模，（　　）是冲小孔模具，必须考虑凸模的强度和刚度。

（A）通常　（B）特别　（C）一般

144. 单工序冲裁冲孔模具结构类似落料模，特别是冲小孔模具，（　　）考虑凸模的强度和刚度。

（A）不必　（B）随意　（C）必须

145. 冲压弯曲（　　）发生在弯曲中心角α所围成的扇形区域。

（A）变形　（B）变位　（C）变距

146. 冲压弯曲变形发生在（　　）中心角α所围成的扇形区域，直线部分不发生塑性变形。

（A）拉伸　（B）冲压　（C）弯曲

147. 冲压弯曲变形发生在弯曲中心角α所围成的（　　）区域。

（A）圆形　（B）扇形　（C）锥形

148. 弯曲件毛坯（　　）的计算中，弯曲工序和弯曲模具设计时，要计算出该尺寸。

（A）展开尺寸　（B）工件尺寸　（C）模具尺寸

149. 弯曲件毛坯展开尺寸的计算，（　　）在弯曲前后长度不变，其长度就是弯曲件的展开尺寸。

（A）外层　（B）中性层　（C）内层

150. 弯曲件毛坯展开尺寸的计算，中性层在弯曲前后长度不变，弯曲件的中性层长度就是要求的毛坯（　　）。

(A) 位置　　(B) 距离　　(C) 长度

151. 弯曲加工中对称的弯曲称为V形弯曲，不对称的弯曲称为（　　）。

(A) L形弯曲　　(B) V形弯曲　　(C) Z形弯曲

152. 常用的 V 形（　　）由上模座，下模座，凹、凸模具，顶杆，可调定位板等组成。

(A) 冲裁模　　(B) 弯曲模　　(C) 拉伸模

153. 常用的（　　）由凹模、凸模、压料板、定位钉和靠板等组成。

(A) V形弯曲模　　(B) U形弯曲模　　(C) L形弯曲模

154. 常用的（　　）弯曲模具结构由凹模、凸模、压料板和定位板等组成。

(A) U形　　(B) V形　　(C) L形

155. 常用的U形弯曲模具在（　　）时，毛坯被压在凸模和压料板之间逐渐下降。

(A) 拉伸　　(B) 冲压　　(C) 冲裁

156. 常用的 U 形弯曲模具在冲压弯曲完成后，（　　）回升时，压料板将工件顶出。

(A) 凸、凹模　　(B) 凹模　　(C) 凸模

157. 单工序拉深变形是利用（　　）将一定形状的平板或者毛坯制成各种形状的开口空心零件的冲压工序。

(A) 拉深模　　(B) 拉深工序　　(C) 拉深工艺

158. 单工序拉深变形加工用（　　）制造薄壁空心零件和各种形状的开口空心零件，生产效率高并且材料消耗少。

(A) 弯曲工艺　　(B) 拉深工艺　　(C) 冲裁工艺

159. 单工序拉深变形加工用拉深工艺制造薄壁空心零件和各种形状的开口空心零件，（　　）高并且材料消耗少。

(A) 产品重量　　(B) 产品质量　　(C) 生产效率

160. 单工序拉深模具结构中，拉深件底部（　　）r_d（凹模圆角半径）$\geqslant t$（材料厚度）。

(A) 圆角半径　　(B) 圆角直径　　(C) 圆角

161. 单工序拉深模具结构中，盒形拉深件壁间圆角半径 $r \geqslant 3t$（t 为材料厚度）。

(A) 圆形　　(B) 盒形　　(C) 锥形

162. 单工序拉深模具结构中，拉深件（　　）圆角半径 $r_d \geqslant t$，最好使用 $r_d \geqslant 5t$

（r_d为凹模圆角半径，t为材料厚度）。

（A）上部　　（B）面部　　（C）底部

163. 冲压模具零部件结构中，模具的（　　）可以由上模座、凸模固定板、垫板、模柄等部分组成。

（A）固定零件　　（B）紧固零件　　（C）导向零件

164. 冲压模具零部件结构中，模具的（　　）可以由螺栓、键、销钉等部分组成。

（A）固定零件　　（B）紧固零件　　（C）导向零件

165. 冲压模具零部件结构中，模具的（　　）可以由导板、导柱、导套等部分组成。

（A）固定零件　　（B）紧固零件　　（C）导向零件

166. 对于大型模具，冲压（　　）锁紧装置的上模是用压板固定在滑块上的。

（A）模柄　　（B）滑块　　（C）模架

167. 对于中、小型模具，冲压模柄锁紧装置的（　　）是用模柄锁紧在滑块的模柄孔内。

（A）下模　　（B）上模　　（C）模模

168. 对于中、小型模具，冲压模柄锁紧装置的上模是用模柄锁紧在滑块的（　　）内。

（A）定位孔　　（B）螺栓孔　　（C）模柄孔

169. （　　）的结构通常分为镶拼式和整体式两大类。

（A）凸模　　（B）模腔　　（C）凸模架

170. 凸模（　　）式结构中，根据加工方法不同，又分为直通式和台阶式。

（A）复合　　（B）整体　　（C）镶拼

171. 凸模整体式结构中，根据加工（　　）不同，又分为直通式和台阶式。

（A）设备　　（B）手段　　（C）方法

172. 凸模（　　）方法：对平面尺寸比较大的凸模可以直接用销钉和螺栓固定。

（A）固定　　（B）焊接　　（C）铆接

173. 对于中、小型凸模，较多采用（　　）、吊装或者铆接固定。

（A）固定　　（B）抬肩　　（C）焊接

174. 对于中、小型凸模，较多采用抬肩、吊装或者（　　）固定。

（A）滑块　　（B）销钉　　（C）铆接

175. 凹模结构按照其外观（　　）不同分为标准圆凹模和板状凹模。

（A）形状　　（B）结构　　（C）表面

176. 凹模按照其外观形状不同分为标准圆凹模和（　　）凹模。

（A）锥状　（B）板状　（C）柱状

177. 凹模按照其外观形状不同分为（　　）凹模和板状凹模。

（A）柱形　（B）锥形　（C）标准圆

178. 凹模固定方法中，一般用ϕ（6～10）mm 的（　　）与模座连接和固定。

（A）销钉　（B）螺钉　（C）螺栓

179. 凹模固定方法中，凹模洞口（　　）应该与凹模端面保持垂直，上下平面应该保持平行。

（A）中线　（B）轴线　（C）垂线

180. 凹模固定方法中，凹模洞口轴线应该与（　　）保持垂直，上下平面应该保持平行。

（A）凹模侧面　（B）凹模平面　（C）凹模端面

181. 导向（送料）装置结构中，挡料销可分为（　　）挡料销和活动挡料销，作用是控制板料的送进距离。

（A）固定　（B）移动　（C）滑动

182. 导向（送料）装置结构中，挡料销的作用是（　　）板料的送进距离。

（A）引导　（B）控制　（C）输出

183. 导向（送料）装置结构中，（　　）销可分为圆头挡料销和钩形挡料销两种，一般装在凹模上。

（A）连接　（B）推动　（C）挡料

184. 调整导向（送料）装置采用固定（　　）方法，这种方法结构简单，制造容易，应用广泛。

（A）挡料销　（B）连接销　（C）导正销

185. 调整导向（送料）装置采用（　　）挡料销方法，通常用于定位孔离凹模孔孔太近，且不能降低凹模强度的场合。

（A）圆形　（B）隐蔽式　（C）钩形

186. 调整导向（送料）装置采用隐蔽式活动挡料销方法，通常用于（　）安装在下模的场合。

（A）凸凹模　（B）凹模　（C）凸模

187. 定（限）位装置结构中的（　　）通常用于对条料进行精确定位。

（A）导正销　（B）定位销　（C）挡料销

188. 定（限）位装置结构中的导正销通常用于对条料的（　　），以保证制件外

形与内孔相互位置的正确。

（A）精确定距　　（B）精确定位　　（C）精确测量

189. 定（限）位装置结构中的导正销，通常用于对条料的精确定位，以保证制件外形与内孔相互（　　）的正确。

（A）间隙　　（B）方位　　（C）位置

190. 调整定（限）位装置的方法是在（　　）前，导正销先进入冲好的孔内，使得孔与外形的相对位置对准，然后加工。

（A）落料　　（B）冲裁　　（C）剪板

191. 调整定（限）位装置的方法是在落料前，导正销（　　）冲好的孔内，使得孔与外形的相对位置对准，然后加工。

（A）后进入　　（B）先进入　　（C）不进入

192. 调整定（限）位装置的方法是在落料前，导正销先进入冲好的孔内，使得孔与外形的（　　）对准，然后落料。

（A）位置　　（B）绝对位置　　（C）相对位置

193. 退（顶）料装置结构中，通常采用（　　）方式有刚性和弹性两种。

（A）卸料　　（B）顶料　　（C）顶件

194. 退（顶）料装置结构中，（　　）采用固定卸料板结构，通常用于较硬、较厚且精度要求不高的工件冲裁后卸料。

（A）弹性卸料　　（B）刚性卸料　　（C）复合退料

195. 退（顶）料装置结构中，刚性卸料采用固定（　　）结构，通常用于较硬、较厚且精度不高的工件，冲裁后立即卸料。

（A）送料板　　（B）推料板　　（C）卸料板

196. （　　）将冲裁后的卡箍在凸模上或者凸凹模上的制件或者废料卸掉。

（A）卸料装置　　（B）送料装置　　（C）推料装置

197. 调整的卸料装置，是将（　　）的制件或者废料卸掉。

（A）冲裁前　　（B）冲裁后　　（C）冲裁中

198. 调整的卸料装置，是将冲裁后的制件或者废料（　　），保证下次冲压的正常进行。

（A）收集　　（B）连接　　（C）卸掉

199. 吊装模具常用工具的种类有（　　）、液压式手动吊装工具和电动式吊装工具。

（A）机械式　　（B）电子式　　（C）气动式

200. 吊装模具常用工具有万向旋转（　　）。

（A）吊带　　（B）吊环　　（C）吊耳

201. 吊装模具的工具中，被广泛应用于吊装行业中的（　　）是吊钩、钢丝绳、链条等专用索具。

（A）机械　　（B）模具　　（C）吊具

202. 机械式手动吊装工具在安装机器、起吊货物中使用，（　　）是通过拽动手动链条、起重链条，从而平稳提升重物。

（A）手拉葫芦　　（B）电动葫芦　　（C）升降机

203. 机械式手动吊装工具在安装机器、起吊货物中使用，手拉葫芦是通过拽动手动（　　）转动，带动花键孔齿轮装置转动，再带动起重链条，从而平稳提升重物。

（A）皮带　　（B）链条　　（C）齿轮

204. 机械式手动吊装工具在安装机器、起吊货物中使用，手拉葫芦是通过拽动手动链条转动，带动花键孔齿轮装置转动，再带动（　　），从而平稳提升重物。

（A）机械装置　　（B）模具支架　　（C）起重链条

205. 液压式手动吊装工具中的（　　）升降机，由行走机构、液压机构、电动控制机构和支撑机构组成的一种升降机设备。

（A）液压式　　（B）电动式　　（C）气动式

206. 液压式升降机中的液压油，经过（　　）形成一定的压力，经滤油器、电磁阀等进入液压缸下端，使液缸的活塞向上运动，提升重物。

（A）齿轮泵　　（B）叶片泵　　（C）柱塞泵

207. 液压式手动吊装工具中的液压式升降机由行走、（　　）、电动控制和支撑机构组成。

（A）控制　　（B）动力　　（C）液压

208. 电动式吊装工具的（　　）人员，必须注意检查行走机构的小车轮缘与工字钢边缘之间间隙应保证3～5毫米，否则应调整。

（A）操作使用　　（B）检测接触　　（C）指导管理

209. 电动式吊装工具的操作使用人员，起吊重物前应对（　　）、钢丝绳、吊钩进行安全检查，确认安全可靠。

（A）连接器　　（B）制动器　　（C）控制器

210. 电动式吊装工具的操作使用人员，起吊重物前应对制动器、钢丝绳、吊钩进

行安全检查，（ ）安全可靠。

（A）记录 （B）了解 （C）确认

211. 模具的吊装要求上模人员在模具起吊时确认（ ）平衡，安全可靠，方可起吊，起吊过程要注意确保人身、设备、模具安全。

（A）吊装 （B）设备 （C）冲床

212. 模具的吊装要求上模人员根据模具和设备选择（ ）、螺栓、垫块及扳手等到规定区域进行吊装作业。

（A）机架 （B）压板 （C）机绞

213. 模具的吊装要求上模人员根据模具和设备选择材料和工具等，按要求分类放置在（ ）上，推到规定区域进行吊装作业。

（A）专用工具架 （B）专用工具柜 （C）专用工具车

214. 模具吊装时，（ ）应该远离尖锐边缘、避免摩擦和磨损，加强和保护其不受尖锐边缘和磨损的破坏。

（A）吊索 （B）吊带 （C）吊绳

215. 模具吊装时，吊索具在安全方式下正确地（ ）、连接负载，缝合部位不能放置在吊钩或起重设备上。

（A）连接 （B）安置 （C）控制

216. 模具吊装时，吊索具在安全方式下正确地安置、连接负载，缝合部位不能放置在吊钩或者（ ）设备上。

（A）吊耳 （B）吊环 （C）起重

217. 单工序模具（ ）前，应该仔细检查模具是否完整，防护装置是否齐全。

（A）安装 （B）调试 （C）调校

218. 单工序模具安装前，应该仔细（ ）模具是否完整，防护装置是否齐全。

（A）检测 （B）检查 （C）调试

219. 单工序模具安装前，应该仔细检查模具是否完整，必要的（ ）及其他附件是否齐全。

（A）控制系统 （B）传动系统 （C）防护装置

220. 单工序模具（ ）时，按照工装总图所指明的规格选定试模冲床，根据设备标准，检查模具安装夹具的位置。

（A）调试 （B）安装 （C）生产

221. 单工序模具调试前，检查冲床上的模具的（ ），检测上平面和下模座的下底面分别与冲床滑块及工作台贴平整，并用码模夹牢固固定。

（A）模架　　　　（B）上模座　　　　（C）下模座

222. 单工序模具调试校正后，试模将（　　）调到适当程度，放上标准材质及尺寸规格的板料，然后试冲。

（A）联轴器　　　　（B）制动器　　　　（C）曲轴行程

223. 模具在设备上安装时，对于（　　）压力机，要求用手扳动飞轮进行操作，带动滑块做上下运动。

（A）小型　　　　（B）中型　　　　（C）大型

224. 模具在设备上安装时，对于小型压力机，要求用手（　　）飞轮进行操作，带动滑块做上下运动。

（A）调节　　　　（B）扳动　　　　（C）启动

225. 模具在设备上安装时，对于小型压力机，要求用手扳动飞轮进行操作，带动（　　）做上下运动。

（A）调节器　　　　（B）制动器　　　　（C）滑块

226. 单工序模具在设备上（　　）的过程中，根据试冲出制件的相关尺寸、毛刺情况，精调模具，直到冲出合格的制件为止。

（A）调试　　　　（B）调整　　　　（C）校正

227. 单工序模具（　　）的检测，用透光法检测偏差，用垫片法调整偏差。

（A）行程　　　　（B）距离　　　　（C）间隙

228. 单工序模具间隙的调整，凸、凹模间隙的（　　），用手锤轻敲固定板的侧边，调整凸模相对位置，使间隙趋于均匀，然后拧紧螺钉。

（A）行程　　　　（B）偏差　　　　（C）位置

229. 冲压生产常见工伤事故是冲压机械操作时，尤其手工取件或者送料、采用脚踏开关容易出现误动作而（　　）造成工伤事故。

（A）切伤手　　　　（B）手工　　　　（C）机械手

230. 冲压生产中，冲压机械操作有较大的危险性，齿轮和传动机构将人员（　　）造成工伤事故。

（A）触电　　　　（B）绞伤　　　　（C）切伤手

231. 冲压生产中，冲压机械操作有较大的（　　），齿轮和传动机构将人员绞伤造成工伤事故。

（A）经济性　　　　（B）适应性　　　　（C）危险性

232. 冲压生产作业的行为危险因素是冲压作业（　　），需要由人工操作，所以极容易因为错误动作而造成伤害事故。

（A）工序多　　（B）工序少　　（C）设备少

233. 冲压生产作业的行为危险因素是冲压作业需要由人工操作，所以极容易因为（　　）而造成伤害事故。

（A）错误操作　　（B）错误动作　　（C）错误启动

234. 冲压生产作业的行为危险因素是冲压需要由人工操作，用手直接伸进模具内进行作业，所以极容易误动作造成伤害事故。

（A）机器人操作　　（B）机械手操作　　（C）人工操作

235. 冲压生产常见工伤事故产生的（　　）是在冲压生产作业时，精力不集中，有打闹、说笑和打瞌睡现象。

（A）原因　　（B）方法　　（C）方式

236. 冲压生产常见工伤事故产生的原因是在冲压生产作业时，不注意滑块运行方向，（　　）在下行时手误入冲压模具内。

（A）齿轮　　（B）滑块　　（C）离合器

237. 冲压生产常见工伤事故产生的原因是在冲压生产作业时，没有注意滑块运行位置，滑块下行时手误入冲压（　　）。

（A）模具上　　（B）模具旁　　（C）模具内

238. 在冲压生产作业时，应按照工艺规程（　　），没有保护措施不准连车生产。

（A）规范操作　　（B）规范学习　　（C）规范运行

239. 在冲压生产作业中，发现机床运行不正常时，应（　　），检查原因并且进行修理。

（A）立即下班　　（B）立即停车　　（C）立即交班

240. 在冲压生产作业中，发现机床运行不正常时，应立即停车，（　　）并且进行修理。

（A）检查产品　　（B）检查生产　　（C）检查原因

241. 为避免工伤事故的发生，在冲压模具内取出卡模的制件或者废料时，要用工具，不准用手（　　）。

（A）抠取　　（B）仪器　　（C）设备

242. 为避免工伤事故的发生，在冲压生产作业时，每加工一个零件，脚和手不要离开（　　），以免在取送料时因误动作而发生事故。

（A）支撑系统　　（B）操纵机构　　（C）传动机构

243. 为避免工伤事故的发生，在冲压生产作业时，每加工一个零件，脚和手不要离开操纵机构，以免在取送料时因（　　）而发生事故。

(A) 误指令　　(B) 误操作　　(C) 误动作

244. 冲压工操作前必须（　）好劳保用品，穿好工作服和工作鞋，戴上工作帽和手套。

(A) 正确佩戴　　(B) 不必佩戴　　(C) 随意佩戴

245. 冲压工操作前必须正确佩戴（　），穿好工作服和工作鞋，戴上工作帽和手套。

(A) 运动衫　　(B) 劳保用品　　(C) 工作制服

246. 冲压工操作前必须正确佩戴好劳保用品，穿好工作服和工作鞋，戴上工作帽和（　）。

(A) 旅游帽　　(B) 太阳帽　　(C) 手套

247. 冲压操作前需要准备好的夹持式（　），它的钳嘴内侧的夹持面上都有凿有横式、斜式或网状的槽形齿纹。

(A) 工具钳　　(B) 工具柜　　(C) 工具包

248. 冲压操作前需要准备好的夹持式工具钳，它的钳嘴（　）的夹持面上都有凿有横式、斜式或网状的槽形齿纹。

(A) 外侧　　(B) 内侧　　(C) 左侧

249. 夹持式工具钳钳嘴内侧的夹持面上，都凿有横式、斜式或网状的（　），以便牢固地钳啮物体，避免夹持物打滑或移动。

(A) 齿根　　(B) 齿轮　　(C) 槽形齿纹

250. 冲压操作人员操作前，应熟悉设备的型号规格和性能，例如曲柄压力机的（　）。

(A) 公称压力　　(B) 滑块行程　　(C) 曲柄距离

251. 冲压操作人员操作前，应熟悉设备的型号规格和性能，例如曲柄压力机的（　），它是曲柄偏心量的2倍。

(A) 公称压力　　(B) 滑块行程　　(C) 曲柄距离

252. 冲压操作人员操作前，应熟悉设备的型号规格和性能，如曲柄压力机的滑块行程长度长，则能生产（　）的零件，通用性强。

(A) 宽度较宽　　(B) 长度较长　　(C) 高度较高

253. 冲压操作前，应（　）曲柄压力机的公称压力及其公称压力行程，公称压力已经系列化，能满足生产需要。

(A) 熟悉　　(B) 了解　　(C) 认识

254. 冲压操作前，应熟悉曲柄压力机的公称压力及其公称压力行程，公称压力已

经（　　），既能满足生产需要。

（A）自动化　　（B）系列化　　（C）最大化

255. 曲柄压力机的滑块行程（　　）长，则能生产高度较高的零件，通用性强。

（A）厚度　　（B）高度　　（C）长度

256. 冲压操作前，熟悉（　　）的位置，是为了避免伤害操作人员的手，在压力机滑块到达下极点前 100～200mm处，操作人员必须按下一次安全电钮，滑块才会下行，否则会自动停止。

（A）安全电钮　　（B）安全开关　　（C）控制按钮

257. 冲压操作前，熟悉安全电钮的位置，是为了避免伤害（　　）的手。

（A）管理人员　　（B）维修人员　　（C）操作人员

258. 冲压操作时，在压力机滑块到达（　　）前 100～200mm处，操作人员必须按下一次安全电钮，滑块才会下行，否则会自动停止。

（A）最小闭合点　　（B）下极点　　（C）最大闭合点

259. 冲压操作人员必须双手同时操作（　　）或者开关，冲压机滑块才会向下运动，否则滑块会自动停止。

（A）两个按钮　　（B）停止按钮　　（C）制动按钮

260. 冲压操作人员必须双手（　　）两个按钮或者开关，冲压机滑块才会向下运动，否则滑块会自动停止。

（A）单手操作　　（B）同时操作　　（C）先后操作

261. 冲压操作人员必须双手同时操作两个手柄，冲压机（　　）才会向下运动，否则滑块会自动停止。

（A）曲柄　　（B）曲轴　　（C）滑块

262. 冲压操作人员必须双手同时操作（　　）或者开关，冲压机滑块才会向下运动，否则滑块会自动停止。

（A）两个按钮　　（B）两个手柄　　（C）两个空开

263. 在冲压操作中，采用的（　　）拨手装置，在滑块下行时，一个与滑块联动的橡皮杆会把操作人员的手强制性拨出危险区。

（A）推手式　　（B）摆杆式　　（C）光电式

264. 在冲压操作中，采用的（　　）装置，在滑块下行时，如果操作人员的手在危险区，会立即停止滑块的运动从而保护手的安全。

（A）启动按钮　　（B）制动按钮　　（C）急停按钮

265. 冲压操作前，一定要熟悉手柄和（　　）的位置。

（A）脚踏开关　　（B）按钮开关　　（C）空气开关

266. 冲压操作前，一定要熟悉（　　）和脚踏开关的位置。

（A）曲轴　　（B）连杆　　（C）手柄

267. 冲压操作前，先按下手柄，使得插在（　　）的销子拔出，脚踏开关才能踩下，启动装置才能结合，使得压力机工作。

（A）曲轴　　（B）启动杆　　（C）连杆

268. 检查冲压机（　　）的工作机构，主要检查曲柄滑块结构的润滑系统。

（A）离合器　　（B）控制器　　（C）制动器

269. 检查冲压机离合器的工作机构，主要检查（　　）结构的润滑系统。

（A）能源系统　　（B）曲柄滑块　　（C）润滑系统

270. 检查冲压机离合器的工作机构，主要检查曲柄滑块（　　）系统有没有堵塞或者缺油现象。

（A）控制　　（B）保护　　（C）润滑

271. 检查冲压机床的（　　）主要检查曲柄滑块结构的润滑系统有没有堵塞或者缺油现象。

（A）工作机构　　（B）传动机构　　（C）调节机构

272. 检查冲压机床的工作机构主要检查（　　）结构的润滑系统有没有堵塞或者缺油现象。

（A）曲柄导轨　　（B）曲柄滑块　　（C）曲柄连杆

273. 检查冲压机床的工作机构主要检查曲柄滑块结构的（　　）有没有堵塞或者缺油现象。

（A）能源系统　　（B）传动系统　　（C）润滑系统

274. 在检查冲压机床正常情况下，通过开机试车检查机床（　　）的按钮、脚踏开关和拉杆是否灵活好用。

（A）离合器　　（B）控制器　　（C）调节器

275. 在检查冲压机床正常情况下，通过开机试车检查机床离合器的按钮、（　　）和拉杆是否灵活好用。

（A）保险器　　（B）脚踏开关　　（C）外壳

276. 在检查冲压机床正常情况下，通过开机试车检查机床离合器的按钮、脚踏开关和拉杆是否（　　）好用。

（A）转动　　（B）异常　　（C）灵活

277. 冲压操作前检查冲床时，发现有（　　）和机构失灵，应立即关闭电源开关

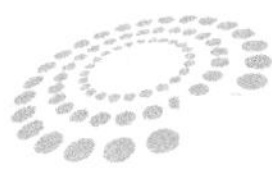

进行检查。

（A）异常声音　（B）操作失灵　（C）刹车不灵

278. 冲压操作前检查冲床时，发现有异常声音和（　　），应立即关闭电源开关进行检查。

（A）异常声音　（B）机构失灵　（C）刹车不灵

279. 检查冲压机拉杆操纵机构，冲床主轴电动机只有一个旋转方向，因为功率较大，所以采用（　　）。

（A）正反转控制　（B）正转控制　（C）Y—△降压启动

280. 冲压操作前，检查冲压机准备情况，在冲压模具安装完毕后，应该进行（　　）或者试冲。

（A）空载　（B）启动　（C）联动

281. 冲压操作前，检查冲压机模具安装情况，（　　）上模、下模位置是否正确、安装是否牢固。

（A）安装　（B）检验　（C）调试

282. 冲压操作前，冲压模具安装完毕后，检查安装在机器上的（　　）装置，全部符合要求才可投入生产。

（A）过流保护　（B）短路保护　（C）安全防护

283. 冲压生产（　　）时，必须检查设备的安全电钮装置，避免造成意外事故。

（A）操作作业　（B）冲压生产　（C）拉伸生产

284. 冲压生产操作作业时，必须检查设备的（　　）装置，避免造成意外事故。

（A）控制线路　（B）安全电钮　（C）空气开关

285. 冲压生产操作作业时，必须检查设备的安全电钮装置，（　　）造成意外事故。

（A）离开　（B）一起　（C）避免

286. 冲压机（　　）罩式安全保护装置是由防护罩和栅栏组成，把危险区隔离保护起来。

（A）机械防护　（B）电气防护　（C）液压防护

287. 冲压机械防护罩式安全保护装置是把（　　）隔离保护起来，使得操作人员身体的各部分无法进入危险区，从而避免事故发生。

（A）生产区　（B）危险区　（C）隔离区

288. 冲压机械防护罩式安全保护装置是把危险区（　　）起来，使得操作人员身体的各部分无法进入危险区。

（A）气压保护　　（B）安全保护　　（C）隔离保护

289. 在冲压操作中，采用的机械（　　）安全保护装置，在滑块下行时，一个与滑块联动的橡皮杆会把操作人员的手强制性拨出危险区。

（A）防拨手式　　（B）防护罩式　　（C）防拉手式

290. 在冲压操作中，采用的机械防拨手式安全保护装置，在（　　）时，一个与滑块联动的橡皮杆会把操作人员的手强制性拨出危险区。

（A）滑块上行　　（B）滑块下行　　（C）滑块停止

291. 在冲压操作中，采用的机械防拨手式安全保护装置，在滑块下行时，一个与滑块（　　）的橡皮杆会把操作人员的手强制性拨出危险区。

（A）点动　　（B）制动　　（C）联动

292. 在冲压操作中，采用机械（　　）安全保护装置，操作人员手腕戴上手腕扣，当滑块下行时，能把操作人员的手从危险区拉出来，避免伤手事故。

（A）防拉手式　　（B）防护罩式　　（C）防拨手式

293. 在冲压操作中，采用机械防拉手式安全保护装置，操作人员手腕戴上手腕扣，手腕扣通过拉手绳和连杆机构与压力机（　　）。

（A）点动　　（B）联动　　（C）制动

294. 在冲压操作中，采用机械防拉手式安全保护装置，操作人员手腕戴上手腕扣，手腕扣通过拉手绳和连杆机构与压力机联动，当滑块下行时，能把操作人员的手从危险区（　　），避免伤手事故。

（A）推进去　　（B）拉进去　　（C）拉出来

295. 采用（　　）安全保护装置，其装置是在压力机下行时，如果操作人员的手在危险区内，会立即停止滑块运动，从而保证手的安全。

（A）辅助　　（B）区域　　（C）范围

296. 采用辅助安全保护装置，其装置是在压力机（　　）时，如果操作人员的手在危险区内，会立即停止滑块运动，从而保证手的安全。

（A）运行　　（B）下行　　（C）上行

297. 采用辅助安全保护装置，其装置是在压力机下行时，如果操作人员的手在危险区内，会立即停止（　　），从而保证手的安全。

（A）曲轴运动　　（B）连杆运动　　（C）滑块运动

298. 冲压设备技术参数中的滑块行程次数是指滑块每分钟（　　）的次数。

（A）往复运动　　（B）连杆运动　　（C）曲柄运动

299. 冲压设备技术参数中，（　　）大小是反映压力机的工作范围。

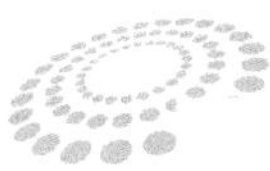

（A）连杆行程　　　（B）滑块行程　　　（C）工作行程

300. 冲压设备技术参数中，滑块行程次数多少是反映压力机的（　　）高低。

（A）分配率　　　（B）废品率　　　（C）生产率

301. 操作冲压设备时，（　　）液压冲床上安全保护和控制装置，不得任意拆动。

（A）正确使用　　　（B）控制使用　　　（C）不使用

302. 在冲压设备上安装（　　）时，螺栓必须牢固，不得移动，随时检查模具有无松动状况。

（A）仪器　　　（B）模具　　　（C）夹具

303. 在冲压设备上安装模具时，螺栓必须牢固，不得（　　），随时检查模具有无松动状况。

（A）制动　　　（B）跳动　　　（C）移动

304. 冲压机操作工作前，先（　　）冲床各传动、连接、润滑等部位及防护装置是否正常。

（A）检查　　　（B）调试　　　（C）安装

305. 冲压机操作工作前，先检查冲床各传动、连接、（　　）等部位及防护装置是否正常。

（A）接地　　　（B）润滑　　　（C）过载

306. 冲压机操作工作前，先检查机床各传动、连接、润滑等部位及（　　）是否正常。

（A）短路保护　　　（B）过载保护　　　（C）防护装置

307. 冲压机操作工作前，正确选定（　　），按照工艺要求使用手用工具，如钩子送料取料以防发生事故。

（A）手用工具　　　（B）钳工工具　　　（C）电工工具

308. 冲压机操作工作前，正确选定手用工具，一般零件通常使用（　　）进行送料或者取料工作。

（A）钳子　　　（B）钩子　　　（C）电磁吸具

309. 冲压机操作工作前，正确选定手用工具，对于中，微小型零件通常使用（　　）进行送料或者取料工作。

（A）钳子　　　（B）扳手　　　（C）电磁吸具

310. 常用（　　）手用工具包括手用工具和吸盘式手用工具。

（A）夹持式　　　（B）真空式　　　（C）电动式

311. 常用夹持式手用工具包括手用工具和（　　）手用工具。

（A）真空式　　（B）吸盘式　　（C）电磁吸具

312. 常用夹持式手用工具包括镊子、钳子、扳手等手用工具，（　）进行操作。

（A）替代设备　　（B）替代机器　　（C）替代手

313. 按照工艺要求使用（　）手用工具，常用的手用工具包括夹持式手用工具和吸盘式手用工具。

（A）吸盘式　　（B）真空式　　（C）电动式

314. 按照工艺要求使用吸盘式手用工具，常用的吸盘式手用工具包括（　）、空气吸盘等。

（A）夹持式　　（B）电磁吸具　　（C）吸盘式

315. 按照工艺要求使用常用的手用工具替代手进行操作，以防发生（　）。

（A）设备　　（B）机器　　（C）事故

316. 冲压机（　）时，先调整检查冲床，必须核定冲裁力，严禁超负荷运行。

（A）手动操作　　（B）自动操作　　（C）电动操作

317. 冲压机手动操作时，先（　）检查冲床，必须核定冲裁力，严禁超负荷运行。

（A）安装　　（B）调整　　（C）调试

318. 冲压机手动操作时，先调整检查冲床，必须核定冲裁力，严禁（　）运行。

（A）空载　　（B）轻荷　　（C）超负荷

319. 手动安装并调整模具时，先（　），待冲床运动部分停止运转后，方可调试。

（A）关闭电源　　（B）关闭手机　　（C）关闭制动部分

320. 手动安装并调整模具时，先关闭电源，待冲床运动部分（　）后，方可调试。

（A）设备运行　　（B）停止运转　　（C）模具安装

321. 调整或（　）冲床时，必须关掉电源，悬挂“禁止操作”警示牌。

（A）保养　　（B）维护　　（C）修理

322. 冲压机生产操作时，从冲压（　）中取出卡入的制件或者废料时要用工具，不准用手抠取。

（A）模具　　（B）模腔　　（C）模架

323. 冲压机生产操作时，从冲压模具中取出卡入的制件或者废料时要用（　），不准用手抠取。

（A）设备　　（B）工具　　（C）模具

324. 冲压机生产的进料冲压时，必须（　）前次冲件或余料后才可进行第二次

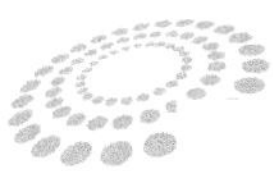

进料。

（A）保留　（B）重复　（C）清除

325. 暂时离机或清理冲模时要（　　），突然停电时，应关闭电源并将电源插头拔离电源插座，将制动器处在制动状态。

（A）关机　（B）运行　（C）启动

326. 暂时离机或清理冲模时要关机，发现冲床有异常声音，应立即（　　）电源开关进行检查。

（A）启动　（B）关闭　（C）运行

327. 暂时离机或清理冲模时要关机，发现冲床机构失灵，应立即关闭（　　）开关进行检查。

（A）连接　（B）开启　（C）电源

328. 模具发现故障时要及时（　　）。模具安装后，必须定时检查，如有松动或滑移应及时调整。

（A）停机　（B）停电　（C）定时

329. 模具发现故障时要及时关机。工作时模具出现故障，应立即关闭（　　）进行检查维修。

（A）电动按钮　（B）电源开关　（C）气源阀门

330. 模具发现故障时要及时关机。工作中模具出现故障，应立即关闭电源开关进行（　　）。

（A）维护保养　（B）故障诊断　（C）检查维修

331. 设备出现故障要及时关（停）机，拆卸模具时，必须在（　　）下进行。

（A）合模状态　（B）开模状态　（C）快速状态

332. 设备出现故障要及时关（停）机，在冲压操作期间，必须立即停车，可按下（　　），使主电机断电，滑块也停止运动。

（A）启动按钮　（B）急停按钮　（C）正转按钮

333. 设备出现故障要及时关（停）机，在冲压操作期间，如遇故障须立即停车时，可按下急停按钮，使（　　）断电，滑块也停止运动。

（A）主电源　（B）主开关　（C）主电机

334. 停机操作步骤是工作完毕（　　）停车，切断电源后，对有缓冲器的压力机要放出缓冲器内的空气，关闭气阀。

（A）及时　（B）保持　（C）随意

335. 停机操作步骤是工作完毕及时停车，应在模具工作部位擦拭干净，涂上

（　　）。

（A）液压油　　（B）机械油　　（C）润滑油

336. 停机操作步骤是工作完毕及时停车，关闭电源后，应该将冲床工作部位（　　）干净。

（A）检查　　（B）调整　　（C）擦拭

337. 圆形类（　　）加工时，一般只用单工序模具来完成。

（A）冲裁件　　（B）拉深件　　（C）弯曲件

338. 圆形类冲裁件加工加工时，一般只用（　　）冲裁模具来完成。

（A）级进　　（B）单工序　　（C）多工序

339. 圆形类冲裁件用单工序模具加工时，直接（　　）完成。

（A）校平　　（B）冲孔　　（C）落料

340. 方形类（　　）加工时，冲裁形状简单，一般只用单工序模具来完成。

（A）冲裁件　　（B）拉伸件　　（C）弯曲件

341. 方形类冲裁件加工时，冲裁（　　），一般只用单工序模具来完成。

（A）结构简单　　（B）形状简单　　（C）形状复杂

342. 方形类冲裁件加工时，冲裁形状简单，其（　　）比圆形类冲裁件要大。

（A）系数　　（B）制造公差　　（C）搭边值数

343. V 形类（　　）加工方法之一是沿弯曲件的角平分线方向弯曲。

（A）弯曲件　　（B）形状简单　　（C）结构复杂

344. V 形弯曲件形状简单，加工方法之一是沿（　　）的角平分线方向弯曲。

（A）冲裁件　　（B）弯曲件　　（C）拉深件

345. V 形弯曲件形状简单，加工方法之一是沿弯曲件的（　　）方向弯曲。

（A）轮廓线　　（B）中心线　　（C）角平分线

346. U 形类弯曲件在冲压加工时，（　　）被压在凸模和压料板之间逐渐下降，材料沿着凹模圆角滑动并且弯曲，进入凸、凹模间隙。

（A）毛坯　　（B）板料　　（C）异型材

347. U 形类弯曲件在冲压加工时，毛坯被压在凸模和（　　）之间逐渐下降，材料沿着凹模圆角滑动并且弯曲，进入凸、凹模间隙。

（A）取料板　　（B）定位板　　（C）压料板

348. U 形弯曲件在冲压时，毛坯被压在凸模和压料板之间逐渐下降，材料沿着凹模圆角（　　）并且弯曲，进入凸、凹模间隙。

（A）手动　　（B）电动　　（C）滑动

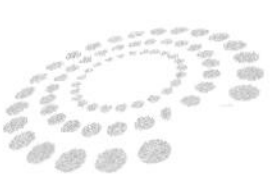

349. 无凸缘（　　）件的拉深加工方法，首先确定拉深系数与拉深次数，其次是计算圆筒形拉深件的工序尺寸。
(A) 圆筒形　　(B) 圆盘形　　(C) 圆锥形

350. 无凸缘圆筒形件的拉深加工方法，首先确定（　　）与拉深次数，其次是计算圆筒形拉深件的工序尺寸。
(A) 拉深形状　　(B) 拉深系数　　(C) 拉深次数

351. 无凸缘圆筒形件的拉深加工方法是首先确定拉深系数与（　　），其次是计算圆筒形拉深件的工序尺寸。
(A) 拉深形状　　(B) 拉深系数　　(C) 拉深次数

352. 锥形件在拉深加工时，凸模（　　）小，压力集中，容易引起局部变薄。
(A) 接触面积　　(B) 连接面积　　(C) 计算面积

353. 锥形件在拉深加工，具有半球面和抛物面形零件（　　）的类似特点。
(A) 拉深变形　　(B) 冲裁变形　　(C) 弯曲变形

354. 锥形件在（　　）加工，凸模接触面积小，压力集中，容易引起局部变薄。
(A) 弯曲　　(B) 拉深　　(C) 冲压

355. 钢尺的使方法中，钢直尺用于测量零件的长度尺寸，由于刻线间距为 1mm，测量时读数误差比较大，只能读出毫米数。
(A) 钢直尺　　(B) 千分尺　　(C) 游标卡尺

356. 钢尺的使方法中，（　　）用于测量零件的长度尺寸，由于刻线间距为 1mm，测量时读数误差比较大，只能读出毫米数。
(A) 长度尺寸　　(B) 高度尺寸　　(C) 宽度尺寸

357. 钢尺的使方法中，用钢直尺的测量时，（　　）比较大，只能读出毫米数，即它的最小读数值为 1mm，比 1mm 小的数值，只能大概得出。
(A) 相对误差　　(B) 绝对误差　　(C) 读数误差

358. 游标卡尺是一种（　　）长度、内外径、深度的量具。
(A) 测量　　(B) 调试　　(C) 测试

359. 游标卡尺结构由（　　）和附在主尺上能滑动的游标两部分构成。
(A) 量尺　　(B) 主尺　　(C) 卷尺

360. 游标卡尺是一种测量长度、内外径、深度的量具，游标卡尺结构由主尺和附在主尺上能（　　）的游标两部分构成。
(A) 跳动　　(B) 运动　　(C) 滑动

361. 游标卡尺的（　　）和游标尺上面都有刻度，可以准确到 0.1 毫米。

(A) 游标尺身　　(B) 刻度尺身　　(C) 等边尺身

362. 游标卡尺的游标尺身上的最小（　　）是1毫米，游标尺上有10个小的等分刻度，总长9毫米，每一分度为0.9毫米，比主尺上的最小分度相差0.1毫米。

(A) 尺度　　(B) 分度　　(C) 刻度

363. 游标卡尺的游标尺身和游标尺上面都有刻度，（　　）并拢时尺身和游标的零刻度线对齐。

(A) 尺身　　(B) 量具　　(C) 量爪

364. 从（　　）上来分，常用的外径千分尺分为普通式、带表式和电子数显式三种类型。

(A) 读数方式　　(B) 应用方式　　(C) 结构方式

365. 外径千分尺的结构由固定的（　　）、测砧、测微螺杆、固定套管、微分筒、测力装置、调节装置等组成。

(A) 尺身　　(B) 尺架　　(C) 尺度

366. 外径千分尺的结构由固定的尺架、测砧、测微螺杆、（　　）、微分筒、测力装置、锁紧装置等组成。

(A) 套管结构　　(B) 移动套管　　(C) 滑动套管

367. 千分尺的使用中，检查（　　）的端面是否与固定的零刻度线重合，若不重合应先旋转旋钮，直至螺杆要接近测砧时，旋转测力装置，当螺杆刚好与测砧接触时会听到"喀喀"声，这时停止转动。

(A) 微分筒　　(B) 尺架　　(C) 尺身

368. 通常外径千分尺结合数据（　　）一起使用。

(A) 传感器　　(B) 采集仪　　(C) 测试仪

369. 数据采集仪可直接连接外径千分尺，自动进行（　　），无需操作人员手工记录数据，节约人力成本。

(A) 数据处理　　(B) 数据分析　　(C) 数据采集

370. 冲裁件的测量中，精密（　　）的实质是使冲模刃口附近剪刀变形区内材料处于三向压应力状态，抑制断裂的发生，使材料以塑性变形的方式实现分离。

(A) 冲裁　　(B) 拉深　　(C) 弯曲

371. 冲裁件的测量中精密冲裁的实质是使冲模刃口附近剪刀变形区内材料处于三向（　　）状态，抑制断裂的发生，使材料以塑性变形的方式实现分离。

(A) 冲裁力　　(B) 压应力　　(C) 挤出力

372. 采用（　　）冲裁的加工方式，可以提高冲裁件切口表面的质量，得到全部

光洁和垂直的剪切。

（A）普通　（B）通用　（C）精密

373. 弯曲件测量时，必须使用 R 规，使得 R 规测量面与工件的（　　）完全的紧密的接触。

（A）圆弧　（B）圆角　（C）圆面

374. 弯曲件测量时，当测量面与工件的圆弧中间没有（　　）时，工件的圆弧半径则为此时的 R 规上所表示的数字。

（A）距离　（B）间隙　（C）行程

375. 弯曲件的测量方法中，检验轴类零件的圆弧曲率半径时，样板要放在（　　）界面内，检验平面形圆弧曲率半径时，样板应平行与被检截面，不得前后倾倒。

（A）法向　（B）轴向　（C）径向

376. （　　）是比较精密的测量工具，要轻拿轻放，不得碰撞或跌落地下。

（A）游标卡尺　（B）钢直尺　（C）钢卷尺

377. 游标卡尺使用时，注意不要用来（　　）粗糙的物体，以免损坏量爪；避免与刃具放在一起，以免刃具划伤游标卡尺的表面。

（A）计算　（B）测量　（C）调节

378. 千分尺使用时，先要进行其（　　）后，再松开锁紧装置，清除油污，检查测砧与测微螺杆间接触面清洁情况。

（A）电位调零　（B）欧姆调零　（C）零位校准

379. 千分尺使用后，松开（　　）装置，清除油污，特别是测砧与测微螺杆间接触面要清洗干净。

（A）锁紧　（B）连接　（C）接触

380. 游标卡尺使用完毕，用棉纱（　　）干净，放入卡尺盒内盖好。

（A）清洗　（B）擦拭　（C）打扫

381. 游标卡尺长期不用时应将它擦上黄油或机油，两量爪（　　）并拧紧紧固螺钉，放入卡尺盒内盖好。

（A）拆卸　（B）分开　（C）合拢

382. 冲压设备日常保养中，必须每班检查（　　）是否能在导轨上自由移动。

（A）冲头　（B）导轨　（C）滑块

383. 冲压设备日常保养中，必须每班检查（　　）是否跳动。

（A）导轨　（B）飞轮　（C）曲轴

384. 冲压设备日常保养中，必须每班检查飞轮（　　）是否可靠。

（A）控制器　（B）驱动器　（C）离合器

385. 机械传动系统保养中，冲压设备（　　）开动设备前，必须检查压力机的操纵、电源和制动器是否正常。

（A）每班　（B）每天　（C）每月

386. 机械传动系统保养中，冲压设备每班开动设备前，必须检查压力机的（　　）部分、电源和制动器是否正常。

（A）启动　（B）操纵　（C）电源

387. 机械传动系统保养中，冲压设备每班开动设备前，必须检查压力机的操纵部分、电源开关和（　　）是否处于有效状态。

（A）润滑器　（B）调节器　（C）制动器

388. 电气系统的维修保养中，冲压设备排除故障或（　　）前，必须将电源关闭。

（A）修理　（B）保养　（C）连接

389. 电气系统的维修保养中，冲压设备每班开动设备前，必须检查按钮、开关等（　　）的灵敏性，确认正常后方可使用。

（A）机械零件　（B）控制器件　（C）传动部件

390. 电气系系统的维修保养中，冲压设备每班（　　）设备前，必须检查按钮、开关等控制装置的灵敏性，确认正常后方可使用。

（A）清洗　（B）关闭　（C）开动

391. 正确使用与（　　）冲压设备，加强和落实安全防护措施是安全生产的基础。

（A）维护　（B）大修　（C）调试

392. 正确使用与维护冲压设备，加强和（　　）安全防护措施是安全生产的基础。

（A）检查　（B）落实　（C）防火

393. 在冲压设备上设置（　　）装置，为冲压安全生产提供安全保障。

（A）调节　（B）顶件　（C）安全防护

394. 冲压模具在生产中，（　　）对模具的相应部位和刃口上，应多次加润滑油。

（A）定期　（B）定时　（C）定点

395. 冲压生产结束后，要对（　　）进行全面检查，全面清擦。

（A）模架　（B）模具　（C）模板

396. 冲压生产结束后，要对模具进行全面检查、清擦，（　　）模具的清洁。

（A）保持　（B）保护　（C）保证

397. 钳工操作中，（　　）是根据图纸或实物的尺寸，准确地在工件表面上（毛

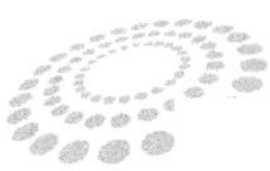

坯表面或已加工表面）划出加工界线。

（A）划线　　（B）尺寸　　（C）行程

398. 钳工操作中，划线是根据图纸或实物的（　　），准确地在工件表面上（毛坯表面或已加工表面）划出加工界线。

（A）尺身　　（B）尺寸　　（C）尺度

399. 钳工操作中，划线是根据图纸或实物的尺寸，准确地在工件表面上（毛坯表面或已加工表面）划出（　　）。

（A）轮廓线　　（B）刻度线　　（C）加工界线

400. 钳工操作中，钳工（　　）操作是右手推动锉刀并决定推动方向，左手协同右手使锉刀保持平衡。

（A）锉销　　（B）推动　　（C）推开

401. 钳工操作中，钳工锉销操作是右手推动（　　）并决定推动方向，左手协同右手使锉刀保持平衡。

（A）锉柄　　（B）锉刀　　（C）錾子

402. 钳工操作中，钳工锉销操作是右手推动锉刀并决定推动方向，左手协同右手使锉刀保持（　　）。

（A）平稳　　（B）水平　　（C）平衡

403. 钳工（　　）操作时用的锯削工具是钢锯，安装锯条并且调好，操作正直线一侧垂直拉，不能偏。

（A）锯削　　（B）钻削　　（C）锉削

404. 钳工锯削操作时用的锯削工具是钢锯，安装（　　）并且调好，操作正直线一侧垂直拉，不能偏。

（A）钻头　　（B）锯条　　（C）锉刀

405. 钳工锯削操作时用的锯削工具是钢锯，安装锯条并且调好，操作（　　）一定垂直拉，不能偏。

（A）斜线　　（B）弧线　　（C）正直线

406. 钳工（　　）操作时，打开台钻电源，使钻头对准工件上的定位点，左手扶住台钳，右手握住操作杆缓慢下行。

（A）钻孔　　（B）车削　　（C）锉削

407. 钳工钻孔操作时，打开台钻电源，使（　　）对准工件上的定位点，左手扶住台钳，右手握住操作杆缓慢下行。

（A）锯条　　（B）钻头　　（C）锉刀

408. 钳工钻孔操作时，打开台钻电源，使钻头对准工件上的（　　），左手扶住台钳，右手握住操作杆缓慢下行。

（A）定位　　（B）定点　　（C）定位点

409. 钳工攻螺纹操作时，根据所要加工的（　　）的螺距，确定螺纹底孔的直径尺寸。

（A）螺纹　　（B）螺距　　（C）螺母

410. 钳工攻螺纹操作时，根据所要加工的螺纹的螺距，确定（　　）的直径尺寸。然后根据这个底孔直径尺寸选钻头钻底孔，最后再用丝锥攻丝。

（A）螺纹螺距　　（B）螺纹半径　　（C）螺纹底孔

411. 钳工攻螺纹操作时，根据螺纹的螺距，确定螺纹底孔直径，然后根据底孔直径尺寸选钻头钻底孔，最后再用（　　）攻丝。

（A）螺丝　　（B）丝杠　　（C）丝锥

412. 常用电器开关中对低压配电电器要求是（　　）能力强、分断能力好，热稳定性能好、限流准确等。

（A）灭弧　　（B）灭火　　（C）超频

413. 常用电器开关中对低压配电电器要求是灭弧能力强、（　　）能力好，热稳定性能好、限流准确等。

（A）可靠　　（B）分断　　（C）稳定

414. 常用电器开关中对低压配电电器要求是灭弧能力强、分断能力好，热稳定性能好、（　　）准确等。

（A）限速　　（B）限位　　（C）限流

415. 我国规定的（　　）电压为36伏，而在特殊危险的场所为12伏或6伏。

（A）安全　　（B）高压　　（C）低压

416. 我国规定的安全电压为36伏，而在（　　）危险的场所为12伏或6伏。

（A）通常　　（B）特殊　　（C）关键

417. 触电对人体危害极大，为了保障人的生命安全，使得触电者能够自行脱离电源，各国都规定了安全低压。

（A）危险　　（B）危及　　（C）危害

418. 空气开关在（　　）上有热脱扣线圈和整定机构，过热或者过负荷后能自动（　　）。

（A）机构　　（B）机架　　（C）机头

419. 空气开关在电气控制（　　）在有过载、过流和过热保护功能，过负荷自动

断开电路。

（A）系数　　（B）系统　　（C）系列

420. 空气开关在机构上有热脱扣线圈和整定机构，过热或者过负荷后能自动（　　）。

（A）断开机械　　（B）断开负载　　（C）断开电路

421. 电击也称为（　　），是指电流通过人体内部，对人体内脏及神经系统造成损坏直至死亡。

（A）触电　　（B）触摸　　（C）触及

422. 电击也称为触电，是指（　　）通过人体内部，对人体内脏及神经系统造成损坏直至死亡。

（A）电压　　（B）电流　　（C）电阻

423. 电击也称为触电，是指电流通过人体内部，对人体内脏及神经系统造成损坏直至（　　）。

（A）破坏　　（B）损伤　　（C）死亡

424. 整理（　　）生产线，工具物件放置整齐，安全通道畅通，做好安全文明生产。

（A）清洁　　（B）整顿　　（C）修理

425. 整理清洁生产线，工具物件（　　）整齐，安全通道畅通，做好安全文明生产。

（A）堆放　　（B）放置　　（C）存放

426. 整理清洁生产线，工具物件放置整齐，（　　）畅通，做好安全文明生产。

（A）货物通道　　（B）防火通道　　（C）安全通道

427. 安全生产规程要求安装模具时关闭（　　），冲床运动部分停止运转后，方可开始安装并调整模具。

（A）电源　　（B）设备　　（C）电器

428. 安全生产规程要求安装模具时关闭电源，等冲床运动部分（　　）运转后，方可开始安装并调整模具。

（A）急停　　（B）停止　　（C）变速

429. 安全生产规程要求安装模具时关闭电源，等冲床运动部分停止运转后，方可开始安装并（　　）模具。

（A）加工　　（B）操作　　（C）调整

430. 冲压设备操作前，按照（　　）要求，检查设备、模具安装情况。

（A）工艺文件　　（B）存档文件　　（C）设备文件

431. 冲压设备操作前，按照工艺文件要求，（　）设备、模具安装情况，调整设备参数。

（A）调节　　（B）检查　　（C）调整

432. 冲压设备操作前，按照工艺文件要求，检查设备、模具安装情况，调整设备参数及检验（　　）质量。

（A）设备能力　　（B）设备数量　　（C）加工材料

433. 劳动（　　）指劳动者与用人单位在现实劳动过程中建立的社会经济关系。

（A）关系　　（B）关键　　（C）关联

434. 劳动关系指（　　）与用人单位在现实劳动过程中建立的社会经济关系。

（A）企业主　　（B）劳动者　　（C）单位

435. 劳动关系指劳动者与用人单位在现实劳动过程中（　　）的社会经济关系。

（A）建设　　（B）建筑　　（C）建立

436. 劳动（　　）规定的经济补偿的月工资按照劳动者应得工资收入。

（A）合同法　　（B）经济法　　（C）行政法

437. 劳动合同法规定的经济（　　）的月工资，包括计时工资或者计件工资以及奖金、津贴和补贴等货币性收入。

（A）补充　　（B）补偿　　（C）补助

438. 劳动合同法规定的经济补偿的（　　）按照劳动者应得工资计算，包括计时工资或者计件工资以及奖金、津贴和补贴等货币性收入。

（A）年工资　　（B）日工资　　（C）月工资

439. 企业事业单位和其他生产经营者应当防止、减少（　　）和生态破坏，对所造成的损害依法承担责任。

（A）环境污染　　（B）环境卫生　　（C）环境治理

440. 企业事业单位和其他生产经营者应当防止、减少环境污染和（　　），对所造成的损害依法承担责任。

（A）生态平衡　　（B）生态破坏　　（C）生态恢复

441. 企业事业单位和其他生产经营者应当防止、减少环境污染和生态破坏，对所造成的损害依法（　　）。

（A）推脱责任　　（B）分担责任　　（C）承担责任

6.2.2　判断题

1. 直角三角形 3 个边长满足 $a^2+b^2=c^2$ 。
2. 常用的数学公式：$a^2-b^2=(a+b)\times(a-b)$ 。
3. 等边三角形的面积是底边乘以高。
4. 正方形的面积是边长乘以边长。
5. 正方体的表面积大小是边长乘以边长乘以 6。
6. 长方体的表面积大小是（长×宽×2）与（长×高×2）与（宽×高×2）的和。
7. 正方体的体积大小是边长乘以边长乘以 2。
8. 长方体的体积大小是长乘以宽乘以高。
9. 国际单位制的基本质量单位中，米的单位符号是 m。
10. 国际单位制的基本单位量的名称有长度、质量、时间、电流、热力学温度、物质的量、发光强度。
11. 面积法定计量单位是千克每立方米。
12. 功率单位是千瓦特，单位换算是 1 瓦=1 焦/秒。
13. 剖视图分全剖视、半剖视和局部剖视三大类。
14. 直接用于指导和检验工件的图样称为零件工作图，简称零件图。
15. 相同尺寸的轴与孔的装配.有的要求松一点，有的要求紧一点，这种松紧程度的要求就是一种配合关系。
16. 为了保证机器的顺利安装，按专业化、协作化组织生产出来的零部件都必须具有互换性。
17. 标准公差等级为 IT01～IT18。
18. 标准公差等级中，IT01 公差值最小，精度最高；IT18 公差值最大，精度最低。
19. 上下偏差的小数点必须对齐，小数点后的位数必须相同。
20. 在装配图中标注配合代号时，必须在基本尺寸的右边。
21. 由于加工和测量和测量误差的存在，点、线、面的实际形状和位置可能具有理想的形状和位置。
22. 实际要素是在图样上给出形状和位置公差的要素。
23. 形状公差各项目都是以形状公差带来控制零件实际要素在一个限定区域内变动。
24. 形状公差带的具体形状和大小由零件的功能要求和互换性要求来决定。
25. 面轮廓度是限制实际曲面对理想曲面变动量的一项指标，它用于限制空间曲面轮廓的形状误差。

26. 形位公差的标注方法主要有被测要素的标注方法和基准要素的标注方法。
27. 单一要素的实效尺寸是最大实体尺寸与形状公差值的综合。
28. 零件的几何要素有尺寸公差和形状公差的要求。
29. 表面粗糙度是指零件被加工表面上具有的较小间距和峰谷组成的微观几何形状误差。
30. 零件实际表面越粗糙，摩擦系数就越大，两表面间的磨损就越慢。
31. 表面粗糙度的参数值写在符号尖角的对面，数值的方向应与尺寸数字方向一致。
32. 当表面粗糙度代号中带一横线时，应尽可能将符号放正，因此要用引出线加以引出标注。
33. 08F、45、20A、40Mn、70Mn、20g 都是优质碳素结构钢。
34. 标准中规定产品应该达到的各项性能指标和质量要求称为技术条件，化学成分不属于技术条件。
35. 铸造有色合金指直接以铸造方式生产的各种形状有色金属材料及机械零件。
36. 稀有金属指密度大于 4.5g/cm^3 的有色金属，有铜、铅、锌、锡等。
37. 金刚石分为天然金刚石和人造金刚石两种。
38. 人造金刚石是在高温、高压和其他条件配合下由石墨转化而成的，是一种硬度较低的材料。
39. 执行机构俗称气动头，又称气动执行器，执行器按其能源形式分为气动、电动和液动三大类。
40. 常用金属材料热处理就是将固态金属或合金采用适当的方式进行加热、保温和冷却以获得所需组织结构的工艺。
41. 钢的热处理目的是消除材料的组织结构上的所有缺陷。
42. 常用操作工具分为手动工具、电动工具、汽保工具、气动工具、焊接设备和磨料磨具。
43. 常用的电动工具也包括日用五金、建筑五金、厨卫五金、小家电等。
44. 常用手动工具涵盖的种类很多，有扳手类、钳子类、螺丝刀类、套筒类、组套类以及辅助类如工具车等。
45. 常用手动工具涵盖的种类很多，每种类别均有相同的型号。
46. 螺丝刀是一种用以拧紧或旋松各种尺寸的槽形机用螺钉、木螺丝以及自攻螺钉的手工工具。
47. 螺丝刀是一种用以拧紧或旋松各种尺寸的槽形机用螺钉、木螺丝的手工工具，

旋凿、改锥不是手工工具。

48. 量具可以分为标准器具、通用器具和专用器具。
49. 量具是一种在使用时没有固定形态、用以提供给定量的一个已知量值的器具。
50. 量具在使用过程中，不要和工具以及刀具如锉刀、车刀和钻头等堆放在一起，免碰伤量具。
51. 量具在使用过程中，用完后可以随意放置。
52. 夹具按使用特点可分为万能通用夹具、专用夹具、可调夹具和组合夹具。
53. 可调夹具适用于新产品试制和产品经常更换的单件、小批生产以及临时任务。
54. 夹具通常由定位元件、夹紧装置 、对刀引导元件、分度装置、连接元件以及夹具体等组成。
55. 连接元件是确定刀具与工件的相对位置或导引刀具方向的器件。
56. 机械传动在机械工程中应用非常广泛，主要是指利用机械方式传递动力和运动的传动。
57. 齿轮传动靠机件间的摩擦力传递动力。
58. 带传动是利用张紧在带轮上的柔性带进行运动或动力传递的一种机械传动。
59. 根据传动原理，只有靠带与带轮间的摩擦力传动的摩擦型带传动是带传动。
60. 链传动是通过链条将具有特殊齿形的主动链轮的运动和动力传递到具有特殊齿形的从动链条的一种传动。
61. 齿轮是指轮缘上有轮齿、连续啮合传递运动和动力的机械元件。随着生产的发展，齿轮运转的平稳性受到重视，在机械传动及整个机械领域中的应用极其广泛。
62. 齿轮是指轮缘上有轮齿、连续啮合传递运动和动力的液压元件。
63. 螺旋传动是靠螺旋与螺纹牙面旋合实现回转运动与直线运动转换的机械传动。
64. 螺旋传动按照在机械中的作用可以分为传力、传导螺旋传动。
65. 液压传动系统一般由动力、执行、控制、辅助元件和传动介质组成。
66. 液压传动系统由动力、执行、控制元件组成。
67. 液压传动系统是以液体为工作介质来传递动力。
68. 液压传动系统必须满足系统所驱动的工作部件在力和速度方面的要求。
69. 液压传动系统只要满足系统所驱动的工作部件在力方面的要求即可。
70. 常用材料的功能物性，指在一定条件和一定限度内对材料施加某种作用时，通过材料将这种作用转化为另一形式功能的性质。
71. 常用材料的特征性能，属于材料外部固有的性质。
72. 常用冲压材料一般应该具有一定强度、刚度、冲击韧性等力学性能。

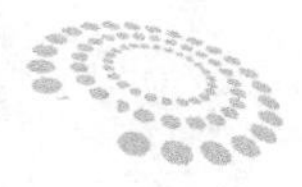

73. 一些具有耐热性能和传热性能的材料一般不是冲压材料。
74. 冲压加工是利用安装在压力机上的模具，对板料施加压力，使得板料在模具里产生变形或者分离，从而获得一定形状、尺寸和性能的产品零件的生产技术。
75. 模具是安装在压力机上，不会使得材料发生分离和变形的模型或者工具。
76. 把板料沿直线弯成各种形状，可以加工形状比较复杂的零件是弯曲工序。
77. 将成型零件的边缘修切整齐或者切成一定形状的是切边工序。
78. 压力机的操作系统，一般由离合器、制动器和曲轴组成。
79. 控制装置是压力机的辅助系统的辅助装置。
80. 冲裁压力机是曲柄通用压力机类型之一，适用于冲裁加工生产。
81. 压力机按照与滑块相连的曲柄连杆个数可以分为单动、双动和多动压力机。
82. 压力机整个工作周期内进行冲压的时间很短，大部分时间为无负荷空程运行。
83. 压力机曲轴直线运动带动连杆，再转变为滑块的往复直线运动。
84. 曲柄压力机滑块行程次数是滑块每秒生产工件的个数。
85. 曲柄压力机滑块行程次数是滑块每分钟往复运动的次数。
86. 落料是用冲裁模沿封闭曲线拼装，封闭曲线外是废料。
87. 利用冲裁模具在冲床上使板料沿一定的封闭曲线分离的工序称为冲裁。
88. 冲裁件的实际尺寸应保证在图样公差范围内。
89. 冲裁件应该具有良好的断面质量，无明显毛刺。
90. 冲裁模不是冲裁工序所用的模具。
91. 冲裁落料模具一般由敞开模具、导板模具、导柱模具等组成。
92. 冲裁冲孔模尤其是冲小孔模具，可以不考虑凸模的强度和刚度。
93. 冲裁冲孔模具的结构类似冲裁落料模具。
94. 冲压弯曲变形只发生在弯曲中心角α所围成的扇形区域，直线部分也发生。
95. 冲压弯曲变形只发生在弯曲中心角α所围成的扇形区域，直线部分不发生。
96. 在进行弯曲工艺和弯曲模具设计时，要计算出弯曲件毛坯展开尺寸。
97. 中性层在弯曲前后长度不变，即弯曲件的中性层长度 。
98. 常用 V 形弯曲模具由上模座、下模座、凹、凸模具、顶杆、可调定位板等组成。
99. 常用的 L 形弯曲模具由凹模、凸模、压料板、定位钉和靠板等组成。
100. 常用 V 形弯曲模具由上下模座，凹、凸模具，顶杆，可调定位板等组成。
101. 常用的 U 形弯曲模在冲压弯曲完成后，凸模回升时，压料板将工件压入。
102. 用拉深工艺制造薄壁空心件，生产效率不高。
103. 用拉深工艺制造薄壁空心件和各种形状的开口空心零件，精度高，生产效率

高，并且材料消耗少。

104. 拉深件圆角半径尽可能大些，底部圆角 $r_p \geqslant t$（r_p 为凸模圆角半径，t 为材料厚度）。

105. 拉深件圆角半径尽可能大些，凸缘圆角半径可以任意。

106. 冲压模具的结构可以分为工作零件、导向零件和上下模等部分。

107. 冲压模具的导向零件可以由导板、导柱、导套等部分组成。

108. 对于大型模具，冲压模柄锁紧装置的上模是用压板固定在模柄孔外的。

109. 对于中、小型模具，冲压模柄锁紧装置的上模是用模柄锁紧在滑块的模柄孔内。

110. 凸模的结构通常分为敞开式和整体式两大类。

111. 整体式凸模根据加工方法不同，又分为直通式和台阶式 。

112. 中、小型凸模较多采用用销钉、螺栓或者铆接固定。

113. 平面尺寸比较大的凸模可以直接用销钉和螺栓固定。

114. 凹模的结构通常分为组合式和整体式两大类。

115. 挡料销的作用是控制板料的冲裁距离。

116. 挡料销可以分为圆头挡料销、钩形挡料销两种，一般装在凹模上。

117. 圆头挡料销用于定位孔离凹模孔太近，且不能降低凹模强度的场合。

118. 固定挡料销结构简单，制造容易，应用广泛。

119. 导正销主要用于连续模中对板料的精确定位。

120. 导正销主要用于对条料的精确定位，以保证制件外形与内孔相互位置的正确。

121. 在落料前，导正销先进入已经冲好的孔内，使得孔与外形的相对位置对齐，然后弯曲。

122. 刚性卸料采用固定卸料板结构，通常用于较硬、较厚且精度要求高的工件冲裁后卸料。

123. 通常采用的卸料方式有刚性卸料和弹性卸料。

124. 卸料装置是将冲裁后的卡箍在凸模上或者凸、凹模上的制件卸掉。

125. 卸料装置是将冲裁后的制件或者废料卸掉，保证下次冲压的正常进行。

126. 单钩是一种比较常用的吊钩，构造简单，使用比较方便，材料一般采用 20# 优质碳素钢或 20Mn，锻造而成，最大起重量不大于 80 吨。

127. 吊环的种类有圆吊环、梨形吊环、长吊环及组合吊环。

128. 操作者应站在与手链轮同一平面内，拽动手链条，使手链轮沿顺时针方向旋转，即可使重物上升。

129. 手拉葫芦在使用完毕应将葫芦清理干净并涂上防锈油脂，存放在干燥地方。

130. 升降机是由平台以及操纵它们用的设备、电机、电缆和其他辅助设备构成的一个整体。
131. 升降机额定压力不通过溢流阀进行调整，通过压力表观察压力表读数值。
132. 操作人员在起吊重物时，应该检查电动葫芦的行程范围内有无人员和障碍物。
133. 操作人员在操作时，应保持手干燥，无物料，保持按钮干燥、灵活好用。
134. 上模人员根据模具和设备特点，选择压板、螺栓、垫块、扳手等按定置管理要求分类放置。
135. 吊装过程中人可以位于模具下方。
136. 与链条连接的连接环，其环材直径必须大于链材直径。
137. 现场更换装卸工具中的连接环，不允许使用装配式连接链环。
138. 安装模具时一般先安装下模，后安装上模。
139. 安装前应该仔细检查模具和防护装置及其他附件是否齐全完整。
140. 冲裁模具，其凸、凹模具在装配前，可以用油石进行修磨。
141. 模具应在生产的条件下试模，试模所得制件应符合工序图要求，并能稳定地冲出合格的制件。
142. 装配过程中，不能用手锤直接敲打模具零件，而用紫铜棒进行。
143. 装及调试模具时，对于小型压力机，要求用手扳动飞轮进行操作，带动滑块做上下运动。
144. 卸料板起压料和卸料作用，装配时应保证它与凸模之间有适当的间隙，
145. 对模具上一些加工时难于倒角的异形边或装模后方能倒角的拼件，应该由装配后进行倒角。
146. 冲压机械操作没有危险性。
147. 冲压机械操作有较大的危险性，如齿轮和传动机构将人员绞伤造成工伤事故。
148. 冲压机械操作有危险性，尤其手工取件或者送料。
149. 冲压机械操作有较大的危险性，特别是采用脚踏开关容易出现误动作。
150. 冲压需要由人工操作，所以容易出现操作失误而导致伤害事故。
151. 冲压生产作业的行为危险因素是冲压作业工序多，用手直接伸进模具内进行作业，所以极容易因为错误动作而造成伤害事故。
152. 冲压是人工操作，可以不集中精力、说笑和打瞌睡。
153. 冲压生产作业时，应该集中精力，不准打闹、说笑和打瞌睡。
154. 冲压生产只要按照工艺规程规范操作，没有保护措施也可以连车生产。
155. 在冲压生产作业时，发现机床运行不正常时，应立即停车，检查原因并且进

行修理。

156. 在冲压生产作业时，每加工一个零件，脚和手要离开操纵机构，以免在取送料时因误动作而发生事故。

157. 在冲压模具内取出卡入的制件或者废料时，要用工具，不准用手抠取。

158. 冲压工一定佩戴劳保用品，穿好工作鞋，女工必须戴工作帽。

159. 冲压工必须佩戴劳保用品，穿好工作服、工作鞋，戴上工作帽和手套。

160. 曲柄压力机的公称压力已经系列化，不能满足生产需要。曲柄压力机规格过多，会给制造带来麻烦。

161. 曲柄压力机的滑块行程长度长，则生产高度较高的零件，通用性强。

162. 冲压操作时，在压力机滑块到达下极点后，操作人员不必按下安全电钮。

163. 冲压操作前，熟悉安全电钮的位置，是为了避免伤害操作人员的手。

164. 冲压操作人员必须双手同时两个按钮或者开关，冲压机滑块才会向下运动。

165. 冲压操作人员不需双手同时操作按钮，冲压机滑块就会向下运动。

166. 采用急停安全装置，在滑块下行时，如果操作人员的手在危险区，会立即停止滑块的运动从而保护手的安全。

167. 冲压操作工操作前，不一定需要熟悉手柄和脚踏开关的位置。

168. 冲压操作时，先按下手柄，使得插在启动杆的销子拔出，脚踏开关才能踩下，启动装置得电，压力机工作。

169. 冲压操作前，检查机床的离合器是否灵活好用就可以。

170. 冲压操作前要通过试车来检查机床的离合器和制动器的安全可靠性能，确认正常方可生产。

171. 在检查冲压机床的工作机构时主要检查曲柄滑块的结构。

172. 在检查冲压机床的工作机构时主要检查曲柄滑块的润滑系统，防止堵塞或者缺油。

173. 检查发现冲床有异常声音，可以开启电源开关进行检查。

174. 冲床主轴电动机只有一个旋转方向，因为功率较大，所以采用Y—△启动线路。

175. 冲压模具安装完毕，不一定要求进行空转，因为上模、下模的位置肯定正确。

176. 冲压模具安装完毕，检验上模、下模的位置正确，并且安装全部安全防护装置，直至全部符合要求方可投入生产。

177. 冲压需要由人工操作，所以不容易出现操作失误而导致伤害事故。

178. 冲压需要由人工操作，所以冲压生产作业时必须检查设备的安全电钮装置，避免造成意外事故。

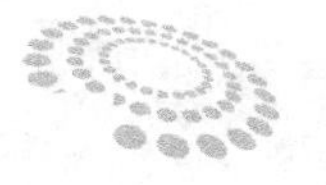

179. 采用辅助安全装置，操作人员的手在危险区内时，不会立即停止滑块运动，不能保证手的安全。
180. 冲压机械防护罩式安全保护装置是把危险区隔离保护起来，使得操作人员身体的各部分无法进入危险区，从而避免事故发生。
181. 采用摆杆式拨手装置，在滑块下行时，一个与滑块联动的橡皮杆会把操作人员的手强制性拨出。
182. 采用拉手式安全装置，操作人员的手腕扣通过拉手绳和连杆机构与压力机联动，能把操作人员的手从危险区拉出来，避免伤手事故。
183. 冲压设备技术参数中，滑块行程次数大小反映压力机的工作范围。
184. 冲压设备技术参数中，滑块行程次数多少反映压力机生产率的高低。
185. 液压冲床上的控制装置，可以任意拆动。
186. 冲压设备安装模具的螺钉必须牢固，不得移动，随时检查模具有无松动状况。
187. 工作前，检查机床传动机构部位及传动装置就可以开机生产。
188. 工作前，先检查机床各传动、连接、润滑等部位及防护保险装置正常后，才可以开机。
189. 工作前，按照产品要求使用电用工具可以防止发生事故。
190. 工作前，按照工艺要求使用手用工具例如用钩子送料或者取料，以防发生事故。
191. 常用的夹持式手用工具不能替代手进行操作，以防发生事故。
192. 常用的夹持式手用工具包括镊子、钳子、扳手等手用工具，替代手进行操作，以防发生事故。
193. 常用的吸盘式手用工具不能替代手进行操作，以防发生事故。
194. 常用的吸盘式手用工具包括电磁吸具、空气吸盘等，替代手进行操作，以防发生事故。
195. 手动操作时，可以调整机床核定冲裁力，可以超负荷运行。
196. 手动操作时，先调整机床，必须核定冲裁力，严禁超负荷运行。
197. 调整或修理机床时，必须关掉电源，悬挂“禁止操作”警示牌。
198. 进料卸料没有专门工具，不可以夹层进料冲压。
199. 从冲压模具中取出卡入的制件或者废料时要用工具，不准用手抠取。
200. 暂时离机时，必须关闭电源，将制动器处在制动状态。
201. 突然停电时，应关闭电源并将电源插头拔离电源插座，将制动器处在制动状态。
202. 必须定时检查模具安装的松动或滑移情况，及时调整。
203. 发现冲床有异常声音或机构失灵，应立即关闭电源开关进行检查。

204. 工作中模具出现故障，应立即关闭电源开关进行更换。
205. 拆卸模具时，必须在合模状态下进行。
206. 在操作期间，如因故障需立即停车时，必须按按钮，直接断电。
207. 工作完毕及时停车，切断电源后，对有缓冲器的压力机要放出缓冲器内的空气，关闭气阀。
208. 工作完毕及时停车，应在模具工作部位擦拭干净，涂上黄油。
209. 工作完毕及时停车，关闭电源后，应将冲床工作部位擦拭干净。
210. 冲裁形状简单的圆形类冲裁件，一般用单工序模具来完成。
211. 圆形类冲裁件加工时，一般只用单工序模具，直接落料完成。
212. 方形类冲裁件加工用单工序模具就能完成。
213. 方形类冲裁件加工只用单工序模具就能完成。
214. V 形弯曲件的加工方法之一是沿弯曲件的角平分线方向弯曲。
215. U 形弯曲件在冲压时，毛坯被压在凸模和压料板之间逐渐下降。
216. U 形弯曲件在冲压时，材料沿着凹模圆角滑动并且弯曲，进入凸、凹模间隙。
217. 无凸缘圆筒形件的拉深主要加工方法就是确定拉深系数与拉深次数。
218. 无凸缘圆筒形件的拉深主要加工方法是计算圆筒形拉深件的工序尺寸。
219. 锥形件拉深的加工方法，具有抛物面形零件拉伸变形的类似特点。
220. 锥形件拉深过程中，凸模接触面积小，压力集中，容易引起局部变薄。
221. 用钢直尺直接去测量零件的直径尺寸（轴径或孔径）测量精度差。
222. 钢直尺是最简单的长度量具，它的长度有 150mm、300mm、500mm 和 1000mm 四种规格。
223. 游标卡尺是工业上常用的测量长度的仪器，它由尺身及能在尺身上滑动的游标组成。
224. 游标上部有一紧固螺钉，可将游标固定在尺身上的任意位置。
225. 游标与尺身之间有一弹簧片，利用弹簧片的弹力使游标与尺身靠紧。
226. 游标卡尺使用完毕，用棉纱擦拭干净。长期不用时应将它擦上黄油或机油，两量爪合拢并拧紧紧固螺钉，放入卡尺盒内盖好。
227. 很多外径千分尺都可连接在数据采集仪上进行数据自动采集与数据分析。
228. 目前工厂内部品质检查的方法是测量一个数据后，由测量人员人工记录在纸张中，或者由一个人测量、另一个人进行记录的操作方式进行。
229. 发生向后旋转测力装置两者不分离的情形时，可用左手手心用力顶住尺架上测砧的左侧，右手手心顶住测力装置，再用手指沿逆时针方向旋转旋钮，可

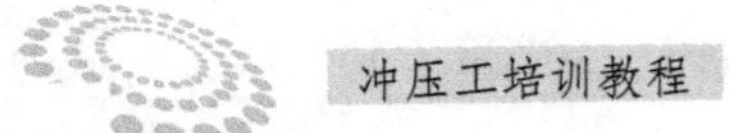

以使螺杆和测砧分开。

230. 微分筒的端面与固定刻度的零线重合，且可动刻度的零线与固定刻度的水平横线重合，可将固定套管上的小螺钉松动，用专用扳手调节套管的位置，使两零线对齐，再把小螺丝拧紧。
231. 冲裁模的上、下模刃口的错开量称为间隙。
232. 间隙对剪切变形、破坏过程、冲裁件的质量、冲模寿命有影响。
233. 事先不知道被检工件的圆弧半径时，则不要用试测法进行检验。
234. 凸形样板用于检测凹表面圆弧，凹形样板用于检测凸表面圆弧。
235. 游标卡尺是比较精密的测量工具，要轻拿轻放，不得碰撞或跌落地下。
236. 游标卡尺不使用时应置于干燥中性的地方，远离酸碱性物质，防止锈蚀。
237. 游标卡尺使用完毕，用棉纱擦拭干净，长期不用时应将它擦上黄油。
238. 检测量具的维护和保养是用干净的纱布将外覆盖件的表面擦干净。
239. 冲压设备必须每班检查冲头是否能在导轨上自由跳动。
240. 冲压设备必须每班检查冲头，冲头应该能在导轨上自由滑动。
241. 冲压设备每班开动设备前，必须检查压力机的操纵部分处于完好状态，才可生产。
242. 冲压设备每班开动设备前，检查脚闸等控制装置后即可以生产。
243. 冲压设备每班开动设备前，检查脚闸等控制装置后，确认正常后方可使用。
244. 在冲压设备上设置刹车装置为冲压安全生产提供安全保障。
245. 在冲压设备上设置安全防护装置为冲压安全生产提供安全保障。
246. 冲压生产结束后，只要对模具进行局部检查就可以保证模具的清洁度。
247. 冲压模具在生产中应定期对模具的相应部位和刃口多次加润滑油。
248. 钳工划线不能确定工件上个加工位置和加工余量。
249. 钳工划线是根据图纸或实物的尺寸， 准确地在工件表面上划出加工界线。
250. 钳工锉销是右手推动锉刀，使得锉刀保持平衡。
251. 钳工锉销是右手推动锉刀并决定推动方向，左手协同右手使锉刀保持平衡。
252. 钳工锯削操作时，用的锯削工具是钢锯弓。
253. 钳工锯削操作时，用的锯削工具是钢锯，安装锯条并且安装调好。
254. 钳工钻孔操作时，关闭台钻电源，使钻头对准工件上的孔位点，再进行操作。
255. 钳工钻孔操作时，打开台钻电源，左手扶住台钳，右手握住操作杆缓慢下行。
256. 钳工攻螺纹操作时，先根据确定的螺纹底孔的半径尺寸，直接用丝锥攻丝。
257. 钳工攻螺纹操作时，先要根据确定的螺纹底孔的直径尺寸，钻底孔后再用丝

锥攻丝。

258. 对低压控制电器，要求灭弧能力强、分断能力好、热稳定性好。
259. 我国规定的安全电压为 36 伏，而在特殊危险的场所为 6 伏。
260. 低压控制电器要求其动作可靠、操作频率高、寿命长并具有一定的负载能力。
261. 电气控制系统中的空气开关有过载、过流和过热保护功能，但是不能灭弧。
262. 空气开关在机构上有热脱扣线圈和整定机构，过热或者过负荷后能自动断开电路。
263. 电击也称为触电，是指电流通过人体内部，对人体内脏及神经系统造成损坏直至死亡。
264. 工作场所要整理得有条不紊，加工后的工件要摆放整齐。
265. 应整理清洁生产线，工具物件放置整齐，安全通道畅通，做好安全文明生产。
266. 模具可以不关闭电源，冲床停止运转后，即可开始安装模具。
267. 模具先关闭电源，冲床停止运转后，方可开始调整模具。
268. 工作场所要整理得有条不紊，加工后的工件要摆放整齐。
269. 开工前应按照工艺文件要求，检查设备、模具，安装模具，调整设备参数，验证材料。
270. 劳动关系指劳动者与用人单位在劳动过程中建立的社会经济关系。
271. 用人单位自用工之日起即与劳动者建立劳动关系。
272. 劳动者工作不满 12 个月的，按照实际工作的月数计算平均工资。
273. 劳动合同法规定的经济补偿的月工资按照劳动者应得工资计算，包括计时工资或者计件工资以及奖金、津贴和补贴等货币性收入。
274. 事业单位对所造成的环境污染和生态破坏必须承担责任。
275. 企业事业单位和其他生产经营者应当防止、减少环境污染和生态破坏，对所造成的损害依法承担责任。

6.2.3 理论知识试题答案

选择题答案：

1.C	2.A	3.B	4.A	5.B	6.C	7.A	8.A
9.C	10.C	11.C	12.B	13.C	14.B	15.C	16.B
17.C	18.B	19.C	20.A	21..A	22.C	23.C	24.B
25.A	26.A	27.C	28.B	29.A	30.C	31.A	32.B
33.C	34.A	35.B	36.C	37.A	38.B	39.C	40.A
41.C	42.B	43.A	44.B	45.C	46.C	47.B	48.A

49.C	50.A	51.B	52.A	53.B	54.C	55.A	56.B
57.C	58.A	59.B	60.C	61.A	62.B	63.C	64.A
65.B	66.C	67.A	68.B	69.C	70.A	71.B	72.C
73.A	74.B	75.C	76.A	77.B	78.C	79.A	80.B
81.C	82.A	83.B	84.C	85.A	86.B	87.C	88.A
89.B	90.C	91.A	92.B	93.C	94.A	95.B	96.C
97.A	98.B	99.C	100.A	101.B	102.C	103.A	104.B
105.C	106.A	107.B	108.C	109.A	110.B	111.C	112.A
113.A	114.C	115.A	116.B	117.C	118.A	119.B	120.C
121.A	122.B	123.C	124.A	125.B	126.C	127.A	128.B
129.C	130.A	131.B	132.C	133.A	134.B	135.C	136.A
137.B	138.C	139.A	140.B	141.C	142.A	143.B	144.C
145.A	146.C	147.B	148.A	149.B	150.C	151.A	152.B
153.C	154.A	155.B	156.C	157.A	158.B	159.C	160.A
161.B	162.C	163.A	164.B	165.C	166.A	167.B	168.C
169.A	170.B	171.C	172.A	173.B	174.C	175.A	176.B
177.C	178.A	179.B	180.C	181.A	182.B	183.C	184.A
185.C	186.C	187.A	188.B	189.C	190.A	191.B	192.C
193.A	194.B	195.C	196.A	197.B	198.C	199.A	200.B
201.C	202.A	203.B	204.C	205.A	206 .B	207.C	208.A
209.B	210.C	211.A	212.B	213.C	214.A	215.B	216.C
217.A	218.B	219.C	220.A	221.B	222.C	223.A	224.B
225.C	226.A	227.C	228.B	229.A	230.B	231.C	232.A
233.B	234.C	235.A	236.B	237.C	238.A	239.B	240.C
241.A	242.B	243.C	244.A	245.B	246.C	247.A	248.B
249.C	250.A	251.B	252.C	253.A	254.B	255.C	256.A
257.C	258.B	259.A	260.B	261.C	262.A	263.B	264.C
265.A	266.C	267.B	268.A	269.B	270.C	271.A	272.B
273.C	274.A	275.B	276.C	277.A	278.B	279.C	280.A
281.B	282.C	283.A	284.B	285.C	286.A	287.B	288.C
289.A	290.B	291.C	292.A	293.B	294.C	295.A	296.B
297.C	298.A	299.B	300.C	301.A	302.B	303.C	304.A
305.B	306.C	307.A	308.B	309.C	310.A	311.B	312.C
313.A	314.B	315.C	316.A	317.B	318.C	319.A	320.B
321.C	322.B	323.C	324.C	325.A	326.B	327.C	328.A
329.B	330.C	331.A	332.B	333.C	334.A	335.B	336 .C
337.A	338.B	339.C	340.A	341.B	342.C	343.A	344.B
345.C	346.A	347.B	348.C	349.A	350 .B	351 .C	352.A
353.B	354.C	355.A	356.B	357.C	358.A	359.B	360.C
361.A	362.B	363.C	364.A	365.B	366.C	367.A	368.B

369.C	370.A	371.B	372.C	373.A	374.B	375.C	376.A
377.B	378.C	379.A	380.B	381.C	382.A	383.B	384.C
385.A	386.B	387.C	388.A	389.B	390.C	391.A	392.B
393.C	394.A	395.B	396.C	397.A	398.B	399.C	400.A
401.B	402. C	403.A	404.B	405. C	406.A	407.B	408.C
409.A	410.B	411.C	412.A	413.B	414.C	415.A	416.B
417.C	418.A	419.B	420.C	421.A	422.B	423.C	424.A
425.B	426.C	427.A	428.B	429.C	430.A	431 .B	432.C
433.A	434.B	435.C	436.A	437.B	438.C	439.A	440.B
441.C							

判断题答案：

1. √　2. √　3. √　4. √　5. √　6. √

7.×正方体的体积大小是边长乘以边长乘以边长。

8. √

9.×国际单位制的基本长度单位中，　米的单位符号是 m。

10. √

11.×面积法定计量单位是平方米。

12. √　13. √　14. √　15. √　16. √　17. √　18. √　19. √　20. √

21.×由于加工和测量和测量误差的存在，点、线、面的实际形状和位置不可能具有理想的形状和位置。

22. √　23. √　24. √　25. √　26. √　27. √　28. √

29.×表面粗糙度是指零件被加工表面上具有的较小间距和峰谷组成的微观几何形状误差。

30.×零件实际表面越粗糙，摩擦系数就越大，两表面间的磨损就越快。

31. √　32 √　33. √

34.×标准中规定产品应该达到的各项性能指标和质量要求称为技术条件，化学成分属于技术条件。

35. √

36.×有色轻金属指密度大于 4.5g/cm^3 的有色金属，有铜、铅、锌、锡等。

37. √

38.×人造金刚石是在高温、高压和其他条件配合下由石墨转化而成的，是一种硬度较高的材料。

39. √　40. √

41.×钢的热处理目的是消除材料的组织结构上的一些缺陷。

42.√

43.×常用的电动工具不包括日用五金、建筑五金、厨卫五金、小家电等。

44.√

45.×常用手动工具涵盖的种类很多，每种类别均有不同的型号。

46.√

47.×螺丝刀是一种用以拧紧或旋松各种尺寸的槽形机用螺钉、木螺丝的手工工具，又称旋凿、改锥。

48.√

49.×量具是一种在使用时有固定形态、用以提供给定量的一个已知量值的器具。

50.√

51.×量具在用完后应该放在专用盒里，避免尺身变形。

52.√

53.×可调夹具不适用于新产品试制和产品经常更换的单件、小批生产以及临时任务。

54.√

55.×对刀引导元件是确定刀具与工件的相对位置或导引刀具方向的器件。

56.√

57.×摩擦传动靠机件间的摩擦力传递动力。

58.√

59.×带传动是利用张紧在带轮上的柔性带进行运动或动力传递的一种机械传动。

60.√　61.√

62.×齿轮是指轮缘上有轮齿、连续啮合传递运动和动力的机械元件。

63.√

64.×螺旋传动按照在机械中的作用可以分为传力、传导、调整螺旋传动。

65.√

66.×液压传动系统由动力、执行、控制元件辅助元件和传动介质组成。

67.√

68.√

69.×液压传动系统必须满足系统所驱动的工作部件在力和速度方面的要求。

70.√

71.×常用材料的特征性能，属于材料本身固有的性质。

72.√

73.×一些具有耐热性能和传热性能的材料一般是冲压材料。

74. √

75.×模具是安装在压力机上，使得材料发生分离和变形的模型或者工具。

76. √　77. √　78. √

79.×控制装置是压力机的操作系统的装置。

80. √

81.×压力机按照运动滑块个数可以分为单动、双动和多动压力机。

82. √

83.×压力机曲轴旋转运动带动连杆，再转变为滑块的往复直线运动。

84.×曲柄压力机滑块行程次数是滑块每分钟生产工件的个数。

85. √

86.×落料是用冲裁模沿封闭曲线冲切，封闭曲线外是废料。

87. √　88. √　89. √

90.×冲裁模是冲裁工序所用的模具。

91. √

92.×冲裁冲孔模尤其是冲小孔模具，必须考虑凸模的强度和刚度。

93. √

94.×冲压弯曲变形只发生在弯曲中心角α所围成的扇形区域，直线部分不发生。

95. √　96. √　97. √　98. √　99 √　100. √

101.×常用的 U 形弯曲模在冲压弯曲完成后，凸模回升时，压料板将工件推出。

102.×用拉深工艺制造薄壁空心件，生产效率高。

103. √　104. √

105.×拉深件圆角半径尽可能大些，凸缘圆角半径 $r_d \geqslant 2t$（t 为材料厚度）。

106.×冲压具的结构可以分为工作零件、导向零件和紧固零件等部分。

107. √

108.×对于大型模具，冲压模柄锁紧装置的上模是用压板固定在滑块上的。

109. √

110.×凸模的结构通常分为镶拼式和整体式两大类。

111. √

112.×中、小型凸模较多采用用抬肩、吊装或者铆接固定。

113. √

114. √

115.×挡料销的作用是控制板料的送进距离。

116. √

117.×钩形挡料销用于定位孔离凹模太近，且不能降低凹模强度的场合。

118. √

119.×导正销主要用于连续模中对条料的精确定位。

120. √

121.×在落料前，导正销先进入已经冲好的孔内，使得孔与外形的相对位置对齐，然后落料。

122.×刚性卸料采用固定卸料板结构，通常用于较硬、较厚且精度要求不高的工件冲裁后卸料。

123. √　124. √　125. √　126. √　127. √　128. √　129. √　130. √

131.×升降机额定压力通过溢流阀进行调整，通过压力表观察压力表读数值。

132. √　133. √　134. √

135.×吊装过程中人不可以位于模具下方。

136. √

137. ×现场更换装卸工具中的连接环，可以使用装配式连接链环。

138. ×安装模具时一般先安装上模，后安装下模。

139. √　140. √　141. √　142. √　143. √　144. √　145. √

146. ×冲压机械操作有危险性，尤其手工取件或者送料时。

147. √　148. √　149. √　150. √　151. √

152.×冲压是人工操作，绝对要集中精力，不可以说笑和打瞌睡。

153. √

154.×冲压生产按照工艺规程规范操作，有保护措施即可以连车生产。

155. √　156 √　157. √　158. √　159. √

160. ×曲柄压力机的公称压力已经系列化，能满足生产需要。曲柄压力机规格过多，会给制造带来麻烦。

161. √

162.×冲压操作时，在压力机滑块到达下极点后，操作人员必须按下安全电钮，否则会自动停止。

163. √

164. √

165.×冲压操作人员必须双手同时操作按钮，冲压机滑块才会向下运动，否则滑

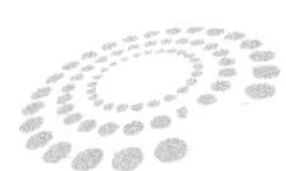

块会自动停止。

166. √

167.×冲压操作工操作前，需要熟悉手柄和脚踏开关的位置。

168. √

169.×冲压操作前，检查机床的离合器必须灵活可靠好用。

170. √

171.×在检查冲压机床的工作机构时主要检查曲柄滑块的位置及其性能。

172. √

173. ×检查发现冲床有异常声音，必须停止电源开关进行检查。

174. √

175.×冲压模具安装完毕，必须进行空转，并且确定上模、下模的位置。

176. √

177. ×冲压需要由人工操作，所以容易出现操作失误而导致伤害事故。

178. √

179.×采用辅助安全装置，操作人员的手在危险区内时，会立即停止滑块运动，能保证手的安全。

180. √　181. √　182. √

183. ×冲压设备技术参数中，滑块行程大小反映压力机的工作范围。

184. √

185.×液压冲床上的控制装置不可以任意拆动。

186. √

187.×工作前，检查机床传动机构部位、传动装置及防护保险装置，正常才可以开机生产。

188. √

189.×工作前，按照产品要求使用手用工具可以防止发生事故。

190. √

191.×常用的夹持式手用工具能替代手进行操作，以防发生事故。

192. √

193.×常用的吸盘式手用工具能替代手进行操作，以防发生事故。

194. √

195. ×手动操作时，可以调整机床核定冲裁力，但是不可以超负荷运行。

196. √　197. √　198. √　199. √　200. √　201. √　202. √　203. √　204 √

205. √　206. √　207. √　208. √　209. √　210. √　211. √　212. √　213. √
214. √　215. √　216. √　217. √
218.×无凸缘圆筒形件的拉深主要加工方法是计算拉深系数与拉深次数。
219. √　220. √　221. √　222. √　223. √　224. √　225. √　226. √　227. √
228. √　229. √　230. √　231. √　232. √
233.×事先不知道被检工件的圆弧半径时，则必须用试测法进行检验。
234. √　235. √　236. √　237. √　238. √
239.×冲压设备必须每班检查冲头是否能在导轨上自由滑动。
240. √　241. √
242.×冲压设备每班开动前，检查脚闸等控制装置后才可以试冲。
243. √　244. √　245. √
246. ×冲压生产结束后，只要对模具进行全面检查，以保证模具的清洁度。
247. √
248.×钳工划线能确定工件上个加工位置和加工余量。
249. √
250. ×钳工锉销是右手推动锉刀，左手扶着锉刀，使得锉刀保持平衡。
251. √
252.×钳工锯削操作时，用的锯削工具是钢锯。
253. √
254. ×钳工钻孔操作时,开启台钻电源,使钻头对准工件上的孔位点,再进行操作。
255. √
256.×钳工攻螺纹操作时，先根据确定的螺纹底孔的半径尺寸，直接用钻头打孔后，再用丝锥攻丝。
257. √
258.×对低压配电电器，要求灭弧能力强、分断能力好，热稳定性好。
259. √　260. √
261.×电气控制系统中的空气开关有过载、过流和过热保护功能，还能灭弧。
262. √　263. √　264. √　265. √
266.×安全生产要求上模具必须关闭电源,冲床停止运转后,即可开始安装模具。
267. √　268. √　269. √　270. √　271. √　272. √　273. √　274. √　275. √

第 7 章 冲压工（初级）技能操作考核

7.1 考核内容层次结构表

<table>
<tr><td colspan="2">鉴定范围</td><td colspan="5">材料与工艺准备</td><td colspan="5">模具安装与调试</td></tr>
<tr><td colspan="2">鉴定要求</td><td>防护用品准备</td><td>工量具准备</td><td>剪料，备料</td><td>开机调机</td><td>辅助送退料调整</td><td>安装前准备</td><td>安装设备使用</td><td>模具安装</td><td>模具调试</td><td>模具拆卸</td></tr>
<tr><td rowspan="10">初级工</td><td>选考方式</td><td colspan="5">必考</td><td colspan="5">必考</td></tr>
<tr><td>鉴定比重</td><td colspan="5">10%</td><td colspan="5">30%</td></tr>
<tr><td>考试时间</td><td colspan="5">10 分钟</td><td colspan="5">30 分钟</td></tr>
<tr><td>考核形式</td><td colspan="10">实操</td></tr>
<tr><td>鉴定范围</td><td colspan="6">设备操作与产品加工</td><td colspan="2">产品质量检验</td><td colspan="2">设备与模具使用维护</td></tr>
<tr><td>鉴定要求</td><td colspan="3">手动操作</td><td>半自动操作</td><td>全自动操作</td><td>停机操作</td><td>量具使用</td><td>产品检测</td><td>设备维护与保养</td><td>模具维护与保养</td></tr>
<tr><td>选考方式</td><td colspan="5">任选 1 项</td><td>必 考</td><td colspan="2">必考</td><td colspan="2">必考</td></tr>
<tr><td>鉴定比重</td><td colspan="6">40%</td><td colspan="2">10%</td><td colspan="2">10%</td></tr>
<tr><td>考试时间</td><td colspan="6">10 分钟</td><td colspan="2">5 分钟</td><td colspan="2">5 分钟</td></tr>
<tr><td>考核形式</td><td colspan="10">实操</td></tr>
</table>

7.2 冲压工（初级）技能操作鉴定要素细目表

行为领域	鉴定范围	代码	鉴定点
技能操作	冲裁、切开、冲槽	001	制作圆形切开件
		002	制作圆形切舌件
		003	制作圆形冲切件
		004	制作半圆形冲切件
		005	制作圆形冲槽件

续表

行为领域	鉴定范围	代码	鉴定点
技能操作	冲裁、切开、冲槽	006	制作圆形冲双槽件
		007	制作长方形冲切件
		008	制作长方形冲槽件
		009	制作方形垫片
		010	制作方形切舌件
		011	制作四孔平垫片
		012	制作圆形垫片
	冲压弯曲	001	制作弯曲件
		002	制作 60° 弯曲件
		003	制作 60° V 形不等边弯曲件
		004	制作弯曲件 1
		005	制作弯曲件 2
		006	制作 90° 弯曲件
		007	制作 90° 厚板弯曲件
		008	制作圆钢 90° V 形弯曲件
		009	制作圆钢 90° V 形带凸缘弯曲件
	冲压拉伸	001	制作铝桶拉伸件
		002	制作压板拉伸件

7.3 冲压工（初级）技能操作试题

考核要求：

（1）考生应持身份证、准考证等相关证件进入考场。

（2）考生应着工作服，佩戴好各类防护工具（如工作服、手套等）。

（3）考生应爱护实操场所的机器设备。

（4）所用工量具必须准备齐全。

（5）遵守安全操作规程，规范操作。

（6）正确使用工量具检测制件。

（7）自觉维护考场的环境卫生做到文明生产。

考核规则：

（1）考试过程中，未经允许禁止更换冲压备料。

（2）考核总时间为 60 分钟（含开机、调机、上料和上落模具的时间）。

（3）考生应在规定的时间内完成全部加工工作，需完成 5～10 个成型产品。

（4）考生在冲压加工结束后，按要求清理好工作场所，并且将制品交到指定地点。

（5）考生违反考试规则或违反安全操作规程，出现重大事故者，取消考试资格。

考核评分表：

序号	考核项目	评分要求	配分	评分标准
1	准备工作	准备工具，量具，用具	4	少选一件扣 1 分
2	剪板下料	按尺寸要求下料	11	每超差 0.05mm 扣 2 分
3	安装模具	模具安装设备使用	5	能正确使用起重设备，不按要求每错一次扣 3 分
		模具吊装	5	吊装上下模具，不按要求每错一次扣 3 分
		模具固定	5	冲模冲力中心必须与冲床压力中心重合，模具固定，不按要求每错一次扣 3 分
4	调整模具	冲压模具调整	10	最大冲力不得超过本机的额定压力，调整模具，不按要求每错一次扣 5 分
	冲压加工	安全操作准备	10	准备材料，准备工具、检测量具；开机前，检查电源、润滑系统、安全装置，未按规定一项扣 5 分
		操作过程	10	正确使用操作手用工具，正确使用机器操作，加工合格产品，未按规定一项扣 5 分
		操作结束	5	操作结束，按要求停机，切断电源，未按规定一项扣 2 分
5	制件检测（具体试题评分要求略有不同）	量具使用	5	不能正确使用常用量具和不会维护和保养量具扣 2 分
		外观	5	不能正确判别制品出现毛刺、擦伤、变形等的原因，扣 1 分
		零件尺寸	10	根据具体试题要求评分
		毛刺高度 0.2mm	5	每超差 0.05mm 扣 2 分
		冲压产品的后处理	5	去除产品的毛刺、擦伤、变形等，每错一次扣 2 分
6	清理现场	工具，量具，用具整理；清扫工作台	5	清洁工量具，清理设备和模具，产品按要求摆放，未按规定一项扣 2 分
总　分			100	

试题 1　制作圆形切开件制件

（1）准备

1）加工圆形切开件零件图（单位：mm）

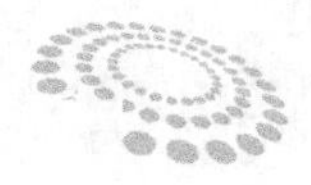

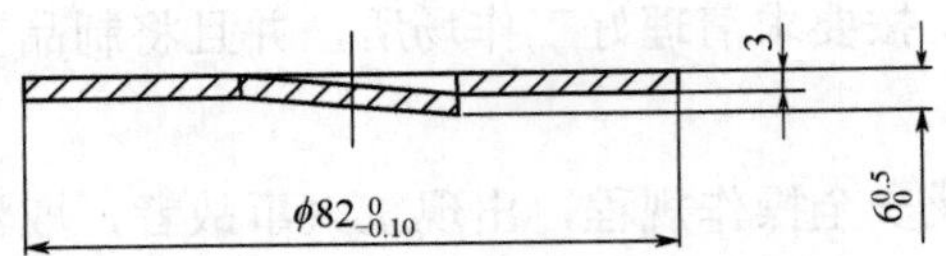

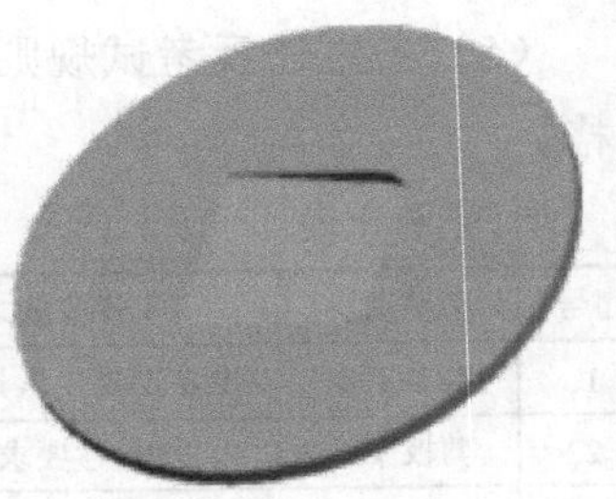

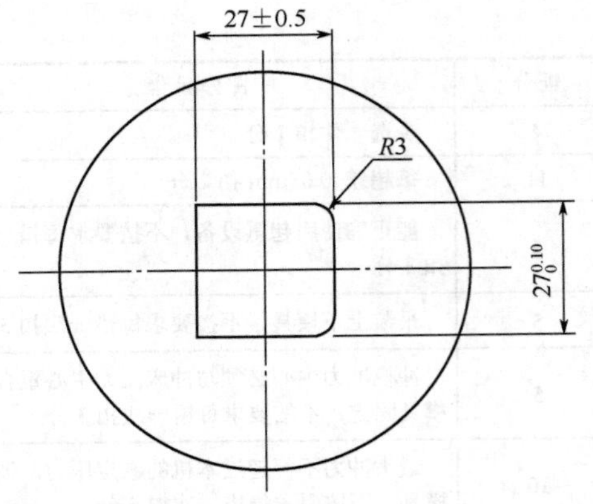

技术要求:
1. 毛刺高度不大于0.2mm。
2. 冲件外观不得有任何缺陷。

2）设备设施准备

序号	名称	规格/mm	单位	数量	备注
1	压力机	根据实际情况选定吨位大小	台	1	曲柄压力机
2	起重机	手动或电动	台	1	自选定
3	冲压模具	按图纸选定	套	1～2	冲孔落料可分开
4	固定块	200×100×20, 150×80×18	块	4	可根据模具大小选定
5	固定螺栓	M12～M20	个	4	可根据模具大小选定
6	剪板机	根据实际情况选定	台	1	可根据制件大小选定

3）工量具准备

序号	名称	规格/mm	单位	数量	备注
1	游标卡尺	0～150	把	1	
2	高度划线尺	0～300	把	1	
3	平行垫铁	60×40×20, 50×30×16	块	4～12	可按实际情况选定
4	活动扳手	200～300	把	1～2	
5	螺丝刀	150	把	2	
6	内六角扳手	M6×18	套	1	
7	尖嘴钳	150	把	2	
8	铜棒	300×ϕ50	条	1	
9	钩条、钳子、镊子	500×ϕ8	条	1	可按实际情况选定
10	平板锉	10 in	把	1	

4）冲压材料准备

名称	规格/mm	单位	数量	备注
Q235/A3 钢板	260×85×3	个	10	要剪料，85mm×85mm×3mm

（2）评分表

考核项目	评分要求	配分	评分标准
剪板下料	260mm×85mm×3mm	6	每超差 0.05mm 扣 2 分
	85mm×85mm×3mm	5	
制件检测	圆形切开零件直径ϕ82mm	5	每超差 -0.02mm，扣 2 分
	圆形切开零件切开长度 27mm	5	每超差 ±0.5mm ，扣 2 分

试题 2　制作圆形切舌件制件

（1）准备

1）加工圆形切舌件零件图（单位：mm）

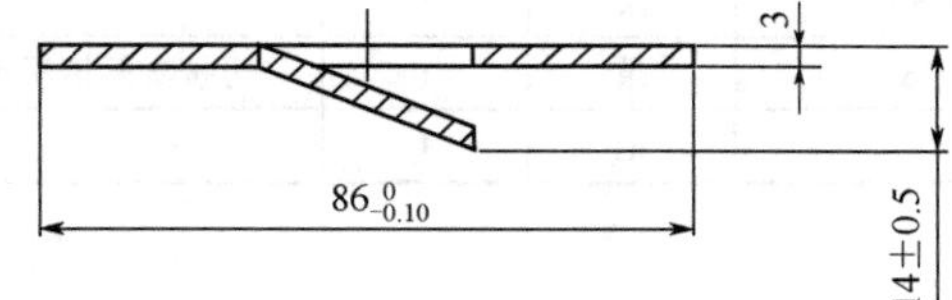

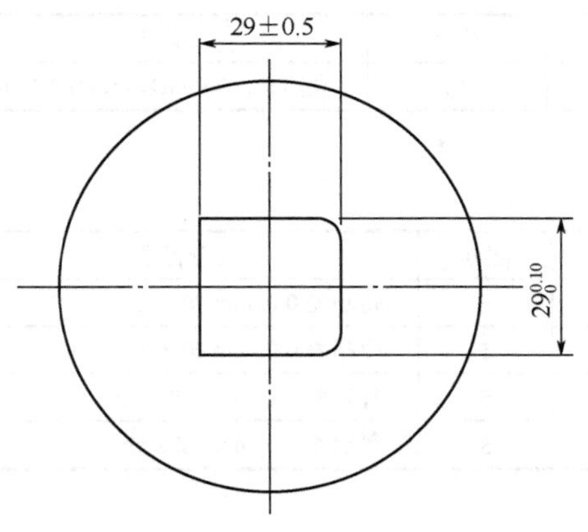

技术要求:
1. 毛刺高度不大于0.2mm。
2. 冲件外观不得有任何缺陷。

2）设备设施准备

序号	名称	规格/mm	单位	数量	备注
1	压力机	根据实际情况选定吨位大小	台	1	曲柄压力机
2	起重机	手动或电动	台	1	自选定
3	冲压模具	按图纸选定	套	1～2	冲孔落料可分开

续表

序号	名称	规格/mm	单位	数量	备注
4	固定块	200×100×20，150×80×18	块	4	可根据模具大小选定
5	固定螺栓	M12～M20	个	4	可根据模具大小选定
6	剪板机	根据实际情况选定	台	1	可根据制件大小选定

3）工量具准备

序号	名称	规格/mm	单位	数量	备注
1	游标卡尺	0～150	把	1	
2	高度划线尺	0～300	把	1	
3	平行垫铁	60×40×20，50×30×16	块	4～12	可按实际情况选定
4	活动扳手	200～300	把	1～2	
5	螺纹刀	150	把	2	
6	内六角扳手	M6×18	套	1	
7	尖嘴钳	150	把	2	
8	铜棒	300×ϕ50	条	1	
9	钩条、钳子、镊子	500×ϕ8	条	1	可按实际情况选定
10	平板锉	10 in	把	1	

4）冲压材料准备

名称	规格/mm	单位	数量	备注
Q235/A3 钢板	260×95×3	个	10	要剪料，95mm×95mm×3mm

（2）评分表

考核项目	评分要求	配分	评分标准
剪板下料	260mm×95mm×3mm	6	每超差 0.05mm 扣 2 分
	88mm×88mm×3mm	5	每超差 0.05mm 扣 2 分
制件检测	圆形切舌零件直径ϕ86mm	5	每超差 -0.01mm 扣 2 分
	圆形切舌零件切舌长度 29mm	5	每超差±0.5mm 扣 2 分

试题 3　制作圆形冲缺制件

（1）准备

1）加工圆形冲缺件零件图（单位：mm）

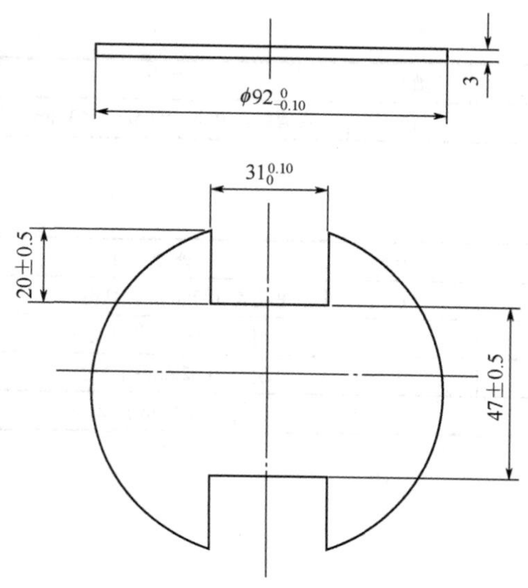

技术要求:
1. 毛刺高度不大于0.2mm。
2. 冲件外观不得有任何缺陷。

2）设备设施准备

序号	名称	规格/mm	单位	数量	备注
1	压力机	根据实际情况选定吨位大小	台	1	曲柄压力机
2	起重机	手动或电动	台	1	自选定
3	冲压模具	按图纸选定	套	1～2	冲孔落料可分开
4	固定块	200×100×20，150×80×18	块	4	可根据模具大小选定
5	固定螺栓	M12～ M20	个	4	可根据模具大小选定
6	剪板机	根据实际情况选定	台	1	可根据制件大小选定

3）工量具准备

序号	名称	规格/mm	单位	数量	备注
1	游标卡尺	0～150	把	1	
2	高度划线尺	0～300	把	1	
3	平行垫铁	60×40×20，50×30×16	块	4～12	可按实际情况选定
4	活动扳手	200～300	把	1～2	
5	螺丝刀	150	把	2	
6	内六角扳手	M6×18	套	1	
7	尖嘴钳	150	把	2	
8	铜棒	300×ϕ50	条	1	
9	钩条、钳子、镊子	500×ϕ8	条	1	可按实际情况选定
10	平板锉	10 in	把	1	

4）冲压材料准备

名称	规格/mm	单位	数量	备注
Q235/A3 钢板	285×95×3	个	10	要剪料，95mm×95mm×3mm

（2）评分表

考核项目	评分要求	配分	评分标准
剪板下料	285mm×95mm×3mm	6	每超差 0.05mm 扣 2 分
	95mm×95mm×3mm	5	每超差 0.05mm 扣 2 分
制件检测	圆形冲缺零件直径ϕ92mm	5	每超差-0.02mm 扣 2 分
	圆形冲缺零件宽度 31mm	5	每超差+ 0.02mm 扣 2 分

试题 4　制作半圆形冲缺制件

（1）准备

1）加工半圆形冲缺零件图（单位：mm）

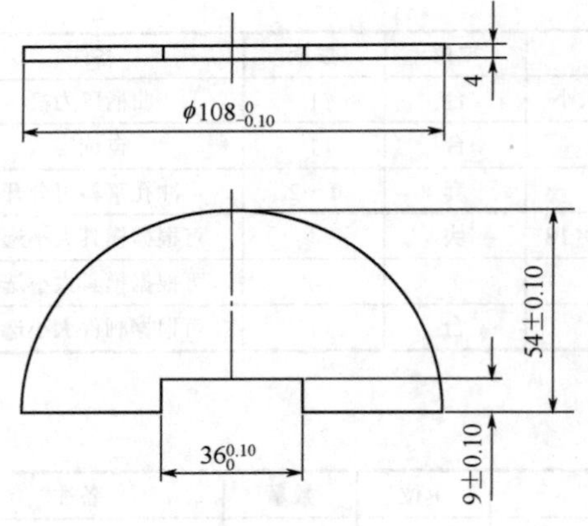

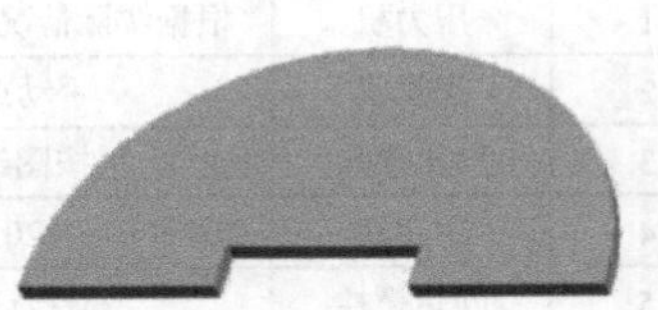

技术要求：
1. 毛刺高度不大于0.2mm。
2. 冲件外观不得有任何缺陷。

2）设备设施准备

序号	名称	规格/mm	单位	数量	备注
1	压力机	根据实际情况选定吨位大小	台	1	曲柄压力机
2	起重机	手动或电动	台	1	自选定
3	冲压模具	按图纸选定	套	1～2	冲孔落料可分开
4	固定块	200×100×20， 150×80×18	块	4	可根据模具大小选定
5	固定槺栓	M12～ M20	个	4	可根据模具大小选定
6	剪板机	根据实际情况选定	台	1	可根据制件大小选定

3）工量具准备

序号	名称	规格/mm	单位	数量	备注
1	游标卡尺	0～150	把	1	
2	高度划线尺	0～300	把	1	
3	平行垫铁	60×40×20，50×30×16	块	4～12	可按实际情况选定
4	活动扳手	200～300	把	1～2	
5	螺丝刀	150	把	2	
6	内六角扳手	M6×18	套	1	
7	尖嘴钳	150	把	2	
8	铜棒	300×ϕ50	条	1	
9	钩条、钳子、镊子	500×ϕ8	条	1	可按实际情况选定
10	平板锉	10 in	把	1	

4）冲压材料准备

名称	规格/mm	单位	数量	备注
Q235/A3 钢板	330×110×4	个	10	要剪料，110mm×110mm×4mm

（2）评分表

考核项目	评分要求	配分	评分标准
剪板下料	330mm×110mm×4mm	6	每超差 0.05mm 扣 2 分
	110mm×110mm×4mm	5	每超差 0.05mm 扣 2 分
制件检测	半圆形冲缺零件半圆直径ϕ108mm	5	每超差 -0.02mm 扣 2 分
	半圆形冲缺零件半圆冲缺长度 36mm	5	每超差 0.02mm 扣 2 分

试题 5　制作圆形冲槽件制件

（1）准备

1）加工圆形冲槽件零件图（单位：mm）

图见下页。

2）设备设施准备

序号	名称	规格/mm	单位	数量	备注
1	压力机	根据实际情况选定吨位大小	台	1	曲柄压力机
2	起重机	手动或电动	台	1	自选定
3	冲压模具	按图纸选定	套	1～2	冲孔落料可分开
4	固定块	200×100×20，150×80×18	块	4	可根据模具大小选定
5	固定螺栓	M12～M20	个	4	可根据模具大小选定
6	剪板机	根据实际情况选定	台	1	可根据制件大小选定

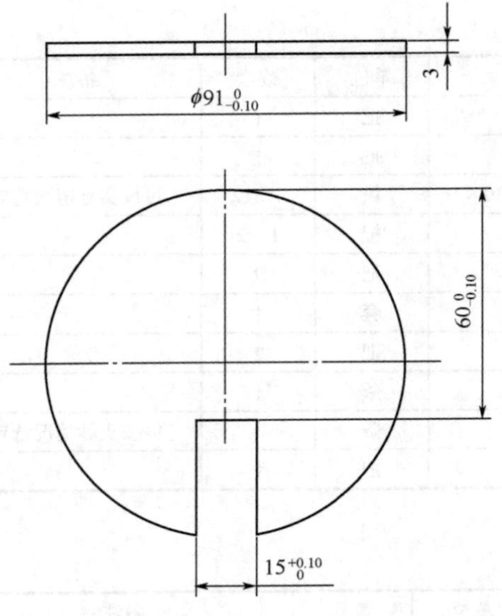

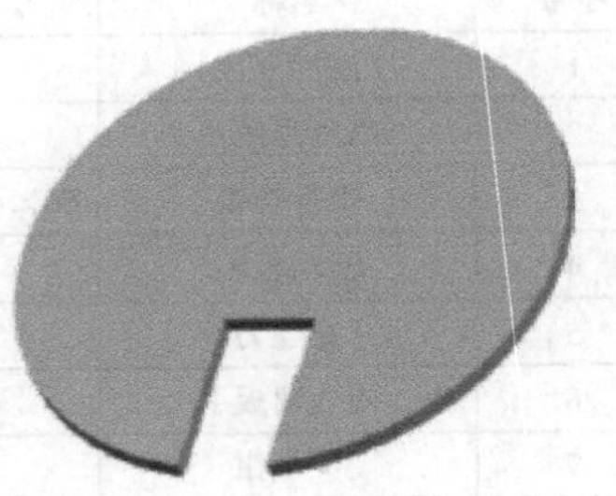

技术要求：
1. 毛刺高度不大于0.2mm。
2. 冲件外观不得有任何缺陷。

3）工量具准备

序号	名称	规格/mm	单位	数量	备注
1	游标卡尺	0～150	把	1	
2	高度划线尺	0～300	把	1	
3	平行垫铁	60×40×20，50×30×16	块	4～12	可按实际情况选定
4	活动扳手	200～300	把	1～2	
5	螺丝刀	150	把	2	
6	内六角扳手	M6×18	套	1	
7	尖嘴钳	150	把	2	
8	铜棒	300×ϕ50	条	1	
9	钩条、钳子、镊子	500×ϕ8	条	1	可按实际情况选定
10	平板锉	10 in	把	1	

4）冲压材料准备

名称	规格/mm	单位	数量	备注
Q235/A3 钢板	285×95×3	个	10	要剪料，95mm×95mm×3mm

（2）评分表

序号	考核项目	评分要求	配分	评分标准
2	剪板下料	285mm×95mm×3mm	6	每超差 0.05mm 扣 2 分
		95mm×95mm×3mm	5	每超差 0.05mm 扣 2 分
5	制件检测	圆形冲槽件零件直径ϕ91mm	5	每超差 -0.02mm 扣 2 分
		圆形冲槽件零件槽宽 15mm	5	每超差 0.02mm 扣 2 分

试题 6　制作圆形冲双槽制件

（1）准备

1）加工圆形冲双槽件零件图（单位：mm）

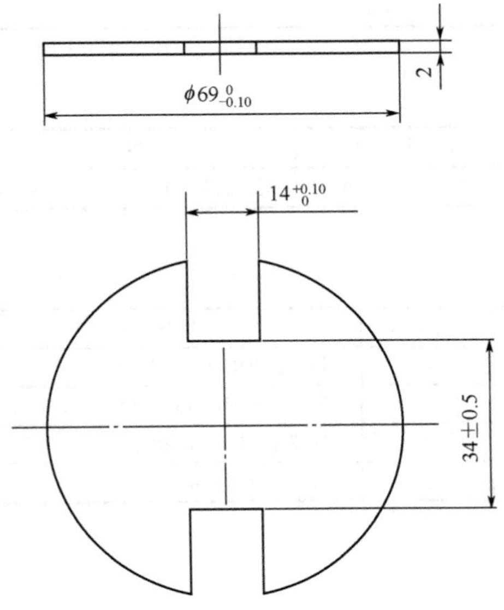

技术要求:
1. 毛刺高度不大于0.2mm。
2. 冲件外观不得有任何缺陷。

2）设备设施准备

序号	名称	规格/mm	单位	数量	备注
1	压力机	根据实际情况选定吨位大小	台	1	曲柄压力机
2	起重机	手动或电动	台	1	自选定
3	冲压模具	按图纸选定	套	1～2	冲孔落料可分开
4	固定块	200×100×20，150×80×18	块	4	可根据模具大小选定
5	固定螺栓	M12～M20	个	4	可根据模具大小选定
6	剪板机	根据实际情况选定	台	1	可根据制件大小选定

3）工量具准备

序号	名称	规格/mm	单位	数量	备注
1	游标卡尺	0～150	把	1	
2	高度划线尺	0～300	把	1	
3	平行垫铁	60×40×20，50×30×16	块	4～12	可按实际情况选定
4	活动扳手	200～300	把	1～2	
5	螺丝刀	150	把	2	
6	内六角扳手	M6×18	套	1	
7	尖嘴钳	150	把	2	

续表

序号	名称	规格/mm	单位	数量	备注
8	铜棒	300×ϕ50	条	1	
9	钩条、钳子、镊子	500×ϕ8	条	1	可按实际情况选定
10	平板锉	10 in	把	1	

4）冲压材料准备

名称	规格/mm	单位	数量	备注
Q235/A3 钢板	210×70×2	个	10	要剪料，70mm×70mm×2mm

（2）评分表

考核项目	评分要求	配分	评分标准
剪板下料	210mm×70mm×2mm	6	每超差 0.05mm 扣 2 分
	70mm×70mm×2mm	5	每超差 0.05mm 扣 2 分
制件检测	圆形冲双槽零件直径ϕ69mm	5	每超差 -0.02mm 扣 2 分
	圆形冲双槽零件双槽槽宽 14mm	5	每超差 0.02mm 扣 2 分

试题 7　制作长方形冲切件制件

（1）准备

1）加工长方形冲切件零件图（单位：mm）

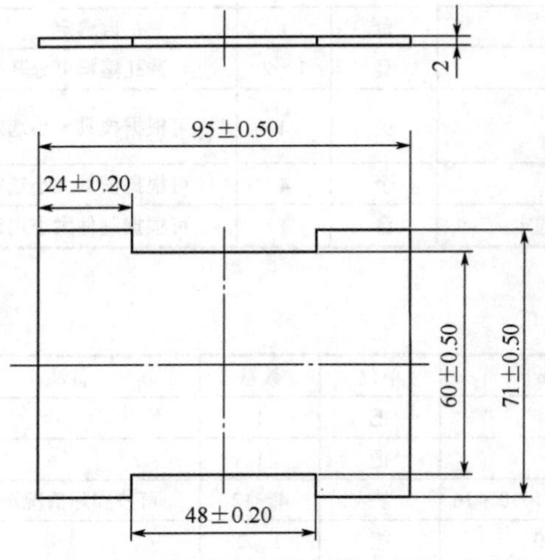

技术要求：
1. 毛刺高度不大于0.2mm。
2. 冲件外观不得有任何缺陷。

2）设备设施准备

序号	名称	规格/mm	单位	数量	备注
1	压力机	根据实际情况选定吨位大小	台	1	曲柄压力机
2	起重机	手动或电动	台	1	自选定
3	冲压模具	按图纸选定	套	1～2	冲孔落料可分开
4	固定块	200×100×20， 150×80×18	块	4	可根据模具大小选定
5	固定螺栓	M12～M20	个	4	可根据模具大小选定
6	剪板机	根据实际情况选定	台	1	可根据制件大小选定

3）工量具准备

序号	名称	规格/mm	单位	数量	备注
1	游标卡尺	0～150	把	1	
2	高度划线尺	0～300	把	1	
3	平行垫铁	60×40×20， 50×30×16	块	4～12	可按实际情况选定
4	活动扳手	200～300	把	1～2	
5	螺丝刀	150	把	2	
6	内六角扳手	M6×18	套	1	
7	尖嘴钳	150	把	2	
8	铜棒	300×ϕ50	条	1	
9	钩条、钳子、镊子	500×ϕ8	条	1	可按实际情况选定
10	平板锉	10 in	把	1	

4）冲压材料准备

名称	规格/mm	单位	数量	备注
08 钢板	300×75×2	个	10	要剪料，98mm×75mm×2mm

（2）评分表

考核项目	评分要求	配分	评分标准
剪板下料	300mm×75mm×2mm	6	每超差 0.05mm 扣 2 分
	98mm×75mm×2mm	5	每超差 0.05mm 扣 2 分
制件检测	长方形冲切零件长度 95mm	5	每超差 ±0.5mm 扣 2 分
	长方形冲切零件宽度 71mm	5	每超差 ±0.5mm 扣 2 分

试题 8　制作长方形冲槽制件

（1）准备

1）加工长方形冲槽件零件图（单位：mm）

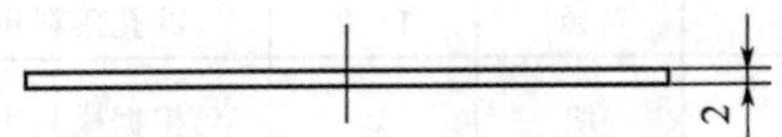

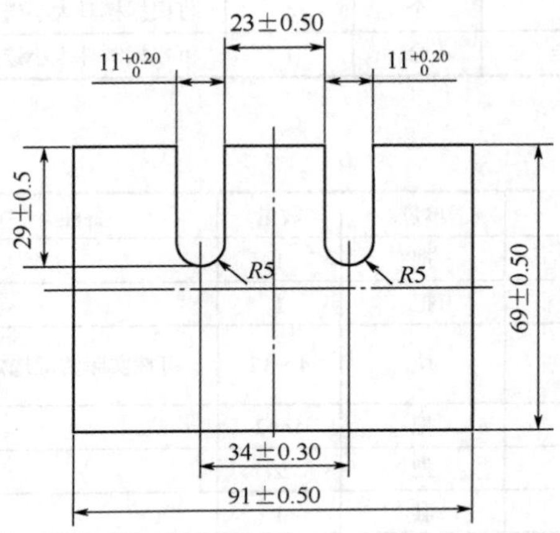

技术要求：
1. 毛刺高度不大于0.2mm。
2. 冲件外观不得有任何缺陷。

2）设备设施准备

序号	名称	规格/mm	单位	数量	备注
1	压力机	根据实际情况选定吨位大小	台	1	曲柄压力机
2	起重机	手动或电动	台	1	自选定
3	冲压模具	按图纸选定	套	1～2	冲孔落料可分开
4	固定块	200×100×20，150×80×18	块	4	可根据模具大小选定
5	固定螺栓	M12～M20	个	4	可根据模具大小选定
6	剪板机	根据实际情况选定	台	1	可根据制件大小选定

3）工量具准备

序号	名称	规格/mm	单位	数量	备注
1	游标卡尺	0～150	把	1	
2	高度划线尺	0～300	把	1	
3	平行垫铁	60×40×20，50×30×16	块	4～12	可按实际情况选定
4	活动扳手	200～300	把	1～2	
5	螺丝刀	150	把	2	
6	内六角扳手	M6×18	套	1	
7	尖嘴钳	150	把	2	

续表

序号	名称	规格/mm	单位	数量	备注
8	铜棒	300×ϕ50	条	1	
9	钩条、钳子、镊子	500×ϕ8	条	1	可按实际情况选定
10	平板锉	10 in	把	1	

4）冲压材料准备

名称	规格/mm	单位	数量	备注
Q235/A3 钢板	300×75×2	个	10	要剪料，95mm×75mm×2mm

（2）评分表

考核项目	评分要求	配分	评分标准
剪板下料	300mm×75mm×2mm	6	每超差 0.05mm 扣 2 分
	95mm×75mm×2mm	5	每超差 0.05mm 扣 2 分
制件检测	长方形冲切零件长度 91mm	5	每超差 ±0.5mm 扣 2 分
	长方形冲切零件宽度 69mm	5	每超差 ±0.5mm 扣 2 分

试题 9　制作方形垫片制件

（1）准备

1）加工方形垫片零件图（单位：mm）

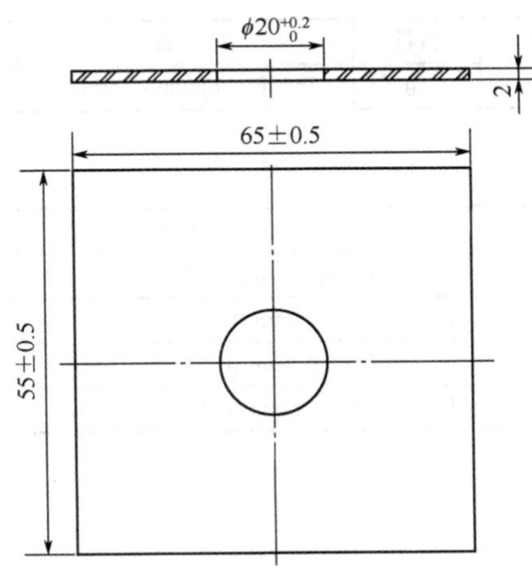

技术要求:
1. 毛刺高度不大于0.2mm。
2. 冲件外观不得有任何缺陷。

2）设备设施准备

序号	名称	规格/mm	单位	数量	备注
1	压力机	根据实际情况选定吨位大小	台	1	曲柄压力机
2	起重机	手动或电动	台	1	自选定
3	冲压模具	按图纸选定	套	1～2	冲孔落料可分开
4	固定块	200×100×20，150×80×18	块	4	可根据模具大小选定
5	固定螺栓	M12～M20	个	4	可根据模具大小选定
6	剪板机	根据实际情况选定	台	1	可根据制件大小选定

3）工量具准备

序号	名称	规格/mm	单位	数量	备注
1	游标卡尺	0～150	把	1	
2	高度划线尺	0～300	把	1	
3	平行垫铁	60×40×20， 50×30×16	块	4～12	可按实际情况选定
4	活动扳手	200～300	把	1～2	
5	螺丝刀	150	把	2	
6	内六角扳手	M6×18	套	1	
7	尖嘴钳	150	把	2	
8	铜棒	300×ϕ50	条	1	
9	钩条、钳子、镊子	500×ϕ8	条	1	可按实际情况选定
10	平板锉	10 in	把	1	

4）冲压材料准备

名称	规格/mm	单位	数量	备注
08 钢板	210×60×2	个	10	要剪料，68mm×58mm×2mm

（2）评分表

考核项目	评分要求	配分	评分标准
剪板下料	210mm×60mm×2mm	6	每超差 0.05mm 扣 2 分
	68mm×58mm×2mm	5	每超差 0.05mm 扣 2 分
制件检测	方形垫片零件长度 65mm	5	每超差±0.5mm 扣 2 分
	方形垫片零件宽度 55mm	5	每超差±0.5mm 扣 2 分

试题 10　制作方形切舌件制件

（1）准备

1）加工方形切舌件零件图（单位：mm）

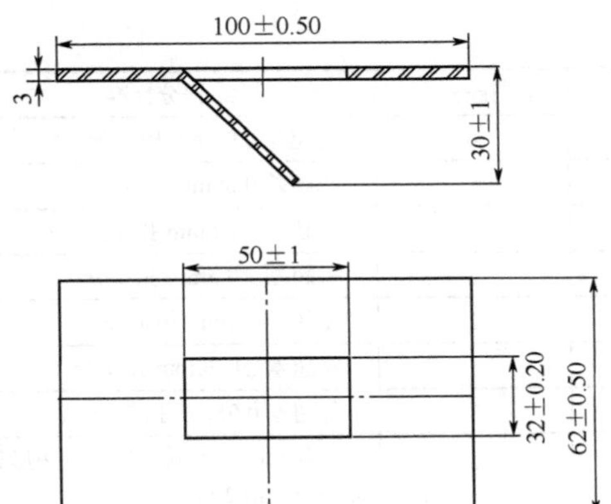

技术要求:
1. 毛刺高度不大于0.2mm。
2. 冲件外观不得有任何缺陷。

2）设备设施准备

序号	名称	规格/mm	单位	数量	备注
1	压力机	根据实际情况选定吨位大小	台	1	曲柄压力机
2	起重机	手动或电动	台	1	自选定
3	冲压模具	按图纸选定	套	1～2	冲孔落料可分开
4	固定块	200×100×20，150×80×18	块	4	可根据模具大小选定
5	固定螺栓	M12～M20	个	4	可根据模具大小选定
6	剪板机	根据实际情况选定	台	1	可根据制件大小选定

3）工量具准备

序号	名称	规格/mm	单位	数量	备注
1	游标卡尺	0～150	把	1	
2	高度划线尺	0～300	把	1	
3	平行垫铁	60×40×20，50×30×16	块	4～12	可按实际情况选定
4	活动扳手	200～300	把	1～2	
5	螺丝刀	150	把	2	
6	内六角扳手	M6×18	套	1	
7	尖嘴钳	150	把	2	
8	铜棒	300×ϕ50	条	1	
9	钩条、钳子、镊子	500×ϕ8	条	1	可按实际情况选定
10	平板锉	10 in	把	1	

4）冲压材料准备

名称	规格/mm	单位	数量	备注
08 钢板	315×65×3	个	10	要剪料，105mm×65mm×3mm

（2）评分表

考核项目	评分要求	配分	评分标准
剪板下料	315mm×65mm×3mm	6	每超差 0.05mm 扣 2 分
	105mm×65mm×3mm	5	每超差 0.05mm 扣 2 分
制件检测	方形切舌零件长度 100mm	5	每超差±0.5mm 扣 1 分
	方形切舌零件宽度 62mm	2	每超差±0.5mm 扣 1 分
	方形切舌零件切舌长度 50mm	2	每超差±1mm 扣 1 分
	方形切舌零件切舌宽度 32mm	5	每超差±0.20mm 扣 1 分
	毛刺高度 0.2mm	3	每超差 0.05mm 扣 2 分
	冲压产品的后处理	3	去除产品的毛刺、擦伤、变形等，每错一次扣 2 分

试题 11　制作四孔平垫片制件

（1）准备

1）加工四孔平垫片零件图（单位：mm）

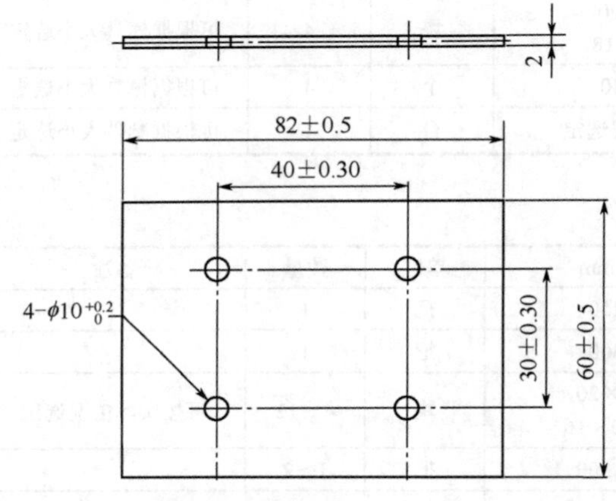

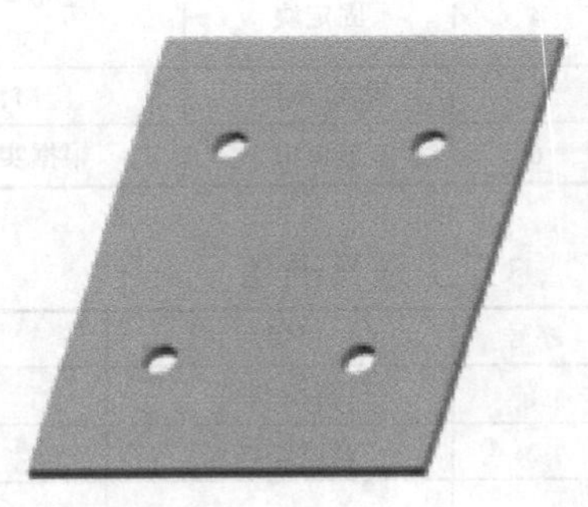

技术要求：
1. 毛刺高度不大于0.2mm。
2. 冲件外观不得有任何缺陷。

2）设备设施准备

序号	名称	规格/mm	单位	数量	备注
1	压力机	根据实际情况选定吨位大小	台	1	曲柄压力机
2	起重机	手动或电动	台	1	自选定
3	冲压模具	按图纸选定	套	1～2	冲孔落料可分开
4	固定块	200×100×20，150×80×18	块	4	可根据模具大小选定
5	固定螺栓	M12～M20	个	4	可根据模具大小选定
6	剪板机	根据实际情况选定	台	1	可根据制件大小选定

3）工量具准备

序号	名称	规格/mm	单位	数量	备注
1	游标卡尺	0～150	把	1	
2	高度划线尺	0～300	把	1	
3	平行垫铁	60×40×20，50×30×16	块	4～12	可按实际情况选定
4	活动扳手	200～300	把	1～2	
5	螺丝刀	150	把	2	
6	内六角扳手	M6×18	套	1	
7	尖嘴钳	150	把	2	
8	铜棒	300×ϕ50	条	1	
9	钩条、钳子、镊子	500×ϕ8	条	1	可按实际情况选定
10	平板锉	10 in	把	1	

4）冲压材料准备

名称	规格/mm	单位	数量	备注
08 钢板	255×65×2	个	10	要剪料，85mm×65mm×2mm

（2）评分表

考核项目	评分要求	配分	评分标准
剪板下料	255mm×65mm×2mm	6	每超差 0.05mm 扣 2 分
	85mm×65mm×2mm	5	每超差 0.05mm 扣 2 分
制件检测	四孔平垫片零件长度 82mm	5	每超差 ±0.5mm 扣 2 分
	四孔平垫片零件宽度 60mm	5	每超差 ±0.5mm 扣 2 分

试题 12　制作圆形垫片制件

（1）准备

1）加工圆形垫片零件图（单位：mm）

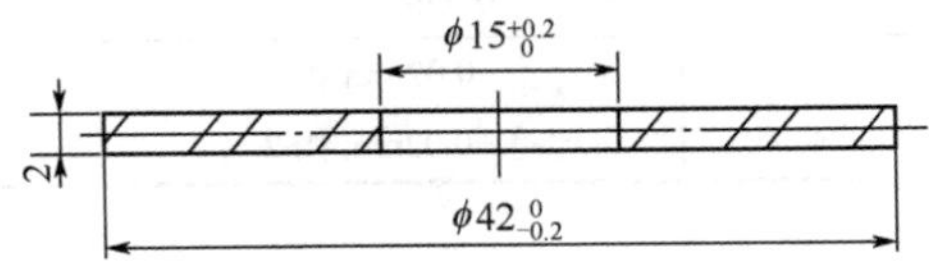

技术要求:
1. 毛刺高度不大于0.2mm。
2. 冲件外观不得有任何缺陷。

2）设备设施准备

序号	名称	规格/mm	单位	数量	备注
1	压力机	根据实际情况选定吨位大小	台	1	曲柄压力机
2	起重机	手动或电动	台	1	自选定
3	冲压模具	按图纸选定	套	1～2	冲孔落料可分开
4	固定块	200×100×20，150×80×18	块	4	可根据模具大小选定
5	固定螺栓	M12～M20	个	4	可根据模具大小选定
6	剪板机	根据实际情况选定	台	1	可根据制件大小选定

3）工量具准备

序号	名称	规格/mm	单位	数量	备注
1	游标卡尺	0～150	把	1	
2	高度划线尺	0～300	把	1	
3	平行垫铁	60×40×20，50×30×16	块	4～12	可按实际情况选定
4	活动扳手	200～300	把	1～2	
5	螺丝刀	150	把	2	
6	内六角扳手	M6×18	套	1	
7	尖嘴钳	150	把	2	
8	铜棒	300×ϕ50	条	1	
9	钩条、钳子、镊子	500×ϕ8	条	1	可按实际情况选定
10	平板锉	10 in	把	1	

4）冲压材料准备

名称	规格/mm	单位	数量	备注
08 钢板	135×45×2	个	10	要剪料，45mm×45mm×2mm

（2）评分表

考核项目	评分要求	配分	评分标准
剪板下料	135mm×45mm×2mm	6	每超差 0.05mm 扣 2 分
	55mm×55mm×2mm	5	每超差 0.05mm 扣 2 分
制件检测	圆形垫片零件直径ϕ42mm	5	每超差 −0.02mm 扣 2 分
	圆形垫片零件中心孔ϕ15mm	5	每超差 +0.02mm 扣 2 分

试题 13　制作铝桶拉伸件制件

（1）准备

1）加工铝桶拉伸件零件图（单位：mm）

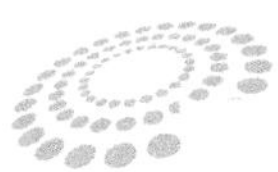

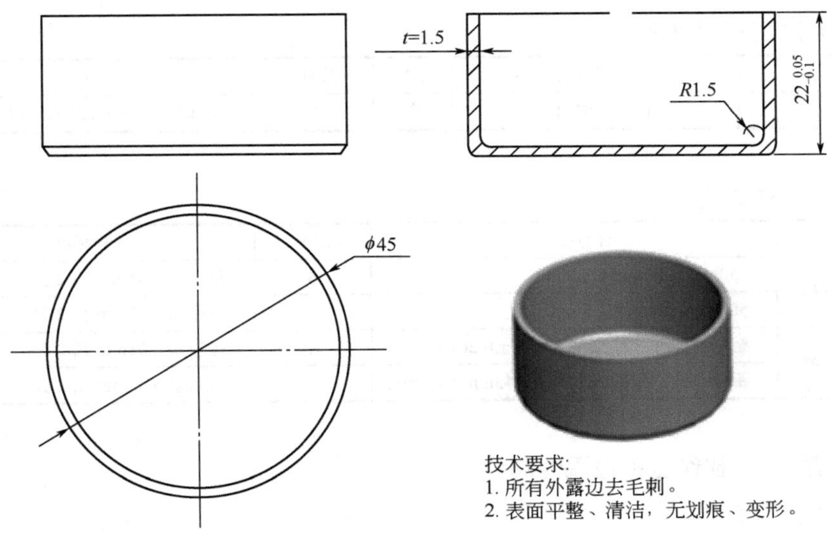

2）设备设施准备

序号	名称	规格/mm	单位	数量	备注
1	压力机	根据实际情况选定吨位大小	台	1	曲柄压力机
2	起重机	手动或电动	台	1	自选定
3	冲压模具	按图纸选定	套	1～2	冲孔落料可分开
4	固定块	200×100×20，150×80×18	块	4	可根据模具大小选定
5	固定螺栓	M12～M20	个	4	可根据模具大小选定
6	剪板机	根据实际情况选定	台	1	可根据制件大小选定

3）工量具准备

序号	名称	规格/mm	单位	数量	备注
1	游标卡尺	0～150	把	1	
2	高度划线尺	0～300	把	1	
3	平行垫铁	60×40×20，50×30×16	块	4～12	可按实际情况选定
4	活动扳手	200～300	把	1～2	
5	螺丝刀	150	把	2	
6	内六角扳手	M6×18	套	1	
7	尖嘴钳	150	把	2	
8	铜棒	300×ϕ50	条	1	
9	钩条、钳子、镊子	500×ϕ8	条	1	可按实际情况选定
10	平板锉	10 in	把	1	

4）冲压材料准备

名称	规格/mm	单位	数量	备注
Al	150×50×1.5	个	10	要剪料，50mm×50mm×1.5mm

（2）评分表

考核项目	评分要求	配分	评分标准
剪板下料	150mm×50mm×1.5mm	6	每超差 0.05mm 扣 2 分
	50mm×50mm×1.5mm	5	每超差 0.05mm 扣 2 分
制件检测	铝桶拉伸件零件高度 22mm±0.2mm	5	每超差 0.05mm 扣 2 分
	铝桶拉伸件零件底边直径ϕ45mm±0.2mm	5	每超差 0.05mm 扣 2 分

试题 14　制作压板拉深件制件

（1）准备

1）加工压板拉深件零件图（单位：mm）

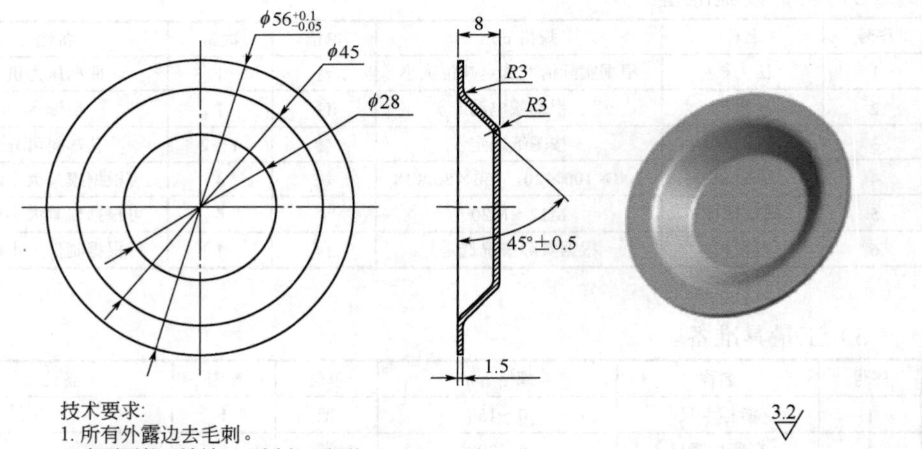

技术要求：
1. 所有外露边去毛刺。
2. 表面平整、清洁，无划痕、变形。

2）设备设施准备

序号	名称	规格/mm	单位	数量	备注
1	压力机	根据实际情况选定吨位大小	台	1	曲柄压力机
2	起重机	手动或电动	台	1	自选定
3	冲压模具	按图纸选定	套	1～2	冲孔落料可分开
4	固定块	200×100×20，150×80×18	块	4	可根据模具大小选定
5	固定螺栓	M12～M20	个	4	可根据模具大小选定
6	剪板机	根据实际情况选定	台	1	可根据制件大小选定

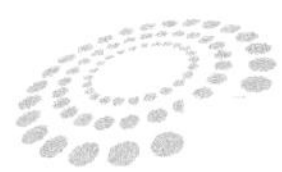

3）工量具准备

序号	名称	规格/mm	单位	数量	备注
1	游标卡尺	0～150	把	1	
2	高度划线尺	0～300	把	1	
3	平行垫铁	60×40×20，50×30×16	块	4～12	可按实际情况选定
4	活动扳手	200～300	把	1～2	
5	螺丝刀	150	把	2	
6	内六角扳手	M6×18	套	1	
7	尖嘴钳	150	把	2	
8	铜棒	300×ϕ50	条	1	
9	钩条、钳子、镊子	500×ϕ8	条	1	可按实际情况选定
10	平板锉	10 in	把	1	

4）冲压材料准备

名称	规格/mm	单位	数量	备注
Q235/A3	180×60×1.5	个	10	要剪料，60mm×60mm×1.5mm

（2）评分表

考核项目	评分要求	配分	评分标准
剪板下料	180mm×60mm×1.5mm	6	每超差 0.05mm 扣 2 分
	60mm×60mm×1.5mm	5	每超差 0.05mm 扣 2 分
制件检测	压板拉伸件零件外圆直径ϕ56mm±0.2mm	4	每超差 0.05mm 扣 2 分
	压板拉伸件零件底圆直径ϕ28mm	4	每超差 0.1mm 扣 2 分
	压板拉伸件零件高度 8mm	4	每超差 0.1mm 扣 2 分
	毛刺高度 0.2mm	3	每超差 0.05mm 扣 2 分

参考文献 REFERENCES

[1] 国家职业技能标准 冲压工.

[2] 陶荣伟，张能武. 冲压工完全自学一本通. 北京：化学工业出版社，2021.

[3] 田文彤. 冲压技术问答. 北京：化学工业出版社，2013.

[4] 中国锻压协会. 航空航天钣金冲压件制造技术. 北京：机械工业出版社，2013.

[5] 莫智敏. 汽车覆盖件大型冲压设备工作原理及维修、管理. 上海：同济大学出版社，2015.

[6] 王孝培. 冲压手册. 第 3 版. 北京：机械工业出版社，2012.